我心向往

The goal I have been pursuing

一个科技社团
改革的艰辛探索

Written by Du Zide
杜子德 著

机械工业出版社
China Machine Press

这是一本可以带你窥视中国计算机学会（CCF）漫长改革历程的书。

作者为CCF前任秘书长，在CCF工作24年。在他担任CCF秘书长17年期间，竭力推动CCF的改革，深入思考CCF的现状、问题、困难和未来的方向，努力探寻适合中国社团的改革方式，并积极付诸实践。本书凝聚了作者对于科技社团改革的理念、方法/经验、智慧和情感，对中国科技社团的从业人员特别是管理者具有重要的参考价值，对企事业单位的管理者及从事不同工作的人也会有所启迪。实际上，这本书的内涵已经超越社团的范畴了。

值得一读。

图书在版编目（CIP）数据

我心向往：一个科技社团改革的艰辛探索/杜子德著. —北京：机械工业出版社，2021.10（2022.10重印）

ISBN 978-7-111-69200-3

Ⅰ. ①我… Ⅱ. ①杜… Ⅲ. ①科学研究组织机构—社会团体—管理—研究 Ⅳ. ①G311

中国版本图书馆CIP数据核字（2021）第195105号

机械工业出版社（北京市百万庄大街22号 邮政编码100037）
策划编辑：梁　伟　　责任编辑：梁　伟　游　静
责任校对：梁　倩　　封面设计：田　力
责任印制：李　昂　　封面画像：赵思孺
北京捷迅佳彩印刷有限公司印刷
2022年10月第1版第4次印刷
148mm×210mm・12.25印张・3插页・274千字
标准书号：ISBN 978-7-111-69200-3
定价：79.00元

电话服务　　　　　　　　网络服务
客服电话：010-88361066　机　工　官　网：www.cmpbook.com
　　　　　010-88379833　机　工　官　博：weibo.com/cmp1952
　　　　　010-68326294　金　书　网：www.golden-book.com
封底无防伪标均为盗版　机工教育服务网：www.cmpedu.com

编者按

杜子德研究员曾是中国科学院计算技术研究所的一名科研人员，1996年9月被派到中国计算机学会（China Computer Federation，CCF）工作并担任专职副秘书长。8年之后，他于2004年4月荣任CCF秘书长，直到2021年2月28日。他在CCF工作的24年间，特别是任CCF秘书长负责学会的运营和管理后，致力于推动CCF的变革。在深入思考和付诸实践的同时，他把他的心得体会变成文字在CCF旗舰刊物《中国计算机学会通讯》（*CCCF*）上发表，试图让更多的学会同仁理解并一同参与学会变革。这些文章是他长期在CCF工作过程中对学术社团治理的认识、思考和实践的真实记载，颇有价值。在他卸任之际，*CCCF*编辑部将这些文章集结成册，作为送给他的礼物。CCF名誉理事长李国杰教授和现任理事长梅宏教授作序。本书正式出版之前，中国科学技术协会书记处原书记沈爱民专为此作序，一并收录。

序言

探索科技社团改革之路

李国杰

子德是我的老朋友，他1996年就出任中国计算机学会（CCF）副秘书长。2004年，我担任CCF理事长的时候，他开始担任学会的秘书长，直到2021年2月底才卸任。他全心全意地在学会服务了24年，为CCF的转型和发展做出了奠基性的贡献。《中国计算机学会通讯》（*CCCF*）编辑部将他写的文章集结成册，约我作序，我欣然同意，因为他的文集不仅反映了二十多年来CCF的改革与发展，而且对如何构建中国的科技社团有重要的参考价值。

关于如何办好一个企业，如何办好一所大学或科研院所，媒体上的文章林林总总，目不暇接，大部头的论著也不少，但我至今没有看到一本讲述如何办科技社团的书籍。目前，中国科协（中国科学技术协会）所属的全国性科技学会、协会和研究会有210个，各级科协所属的地方性科技社团多达5万余个，在团结全国科技工作者、促进学术交流和科学普及等方面发挥了重要作用。在实现高质量发展成为第一要务、科技创新成为第一动力的新形势下，作为科技共同体主动脉的科技社团将发挥越来越大的作用。但是由于认识上的误区和改革不到位，我国的科技社团发展还存在诸多问题：科技社团的吸引力和凝聚力不够，科技共同体的自我完善功能不强，学术争鸣不充分，学术交流国际化程度不高，等等。科技社团亟须在改革中走上良性发展的道路，可惜我国真正关心科技社团发展的有心人并不多，而子德是我国科技社团发展的立论者和践行者之一，这本文集就是明证。

社团究竟是什么性质的组织，应该起到什么作用，国内的认识并不一致。2008年10月21日，中国科协在上海举办了"科技社团创新发展论坛"，邀请子德在论坛上做题为《学会的本质及其发展》的特邀报告，本文集中的文章《关于社团发展的认识》就是这次特邀报告中所讲的内容。子德在报告中明确指出：社会有三种组织形态——政府、企业和非政府组织（NGO），学会属于非政府组织。非政府组织是在特定领域由具有相同兴趣的成员自愿结成的社会组织，有自组织性、非营利性和独立性的特点。在后续的文章中，子德多次强调学术社团的本质是"3M"，即会员构成（of the Membership）、会员治理（by the Membership）、为会员服务（for the Membership）。因此，从2004年起，CCF始终将发展和服务个人会员作为首要任务，强调"会员对学会理念、文化和制度的高度认同"，强调"志愿者是社团的重要特性"。这些认识在国外是被普遍接受的，国外的大学将对社会的服务看成与教学、科研同等重要的职责，每一个申请上大学的中学生都被要求填写从事志愿者工作的小时数。但我国缺乏"做志愿者"的传统,因而发展社团的基础比较欠缺。子德的许多文章可以看成对社团认识的启蒙教育。

中国的国情与西方不同,中国的社团发展不能完全照搬西方国家的制度,需要走出一条具有中国特色又符合社团发展规律的新路,这就要求我们在坚持中国共产党领导的前提下探索发展非政府组织的中国道路。非政府组织和非营利机构是构成良性发展社会不可或缺的三种组织形态之一,但我国至今没有一部关于非政府组织和非营利机构的上位法律,只有民政部发布的较低层次的法规——《民办非企业单位登记暂行办法》。尽管有种种困难,但我国的科技社团还是在向前发展。2020年11月,在中国科协和民政部联合印发的《关于进一步推动中国科协学会创新发展的意见》(以下简称《意见》)中,提出"一手抓积极引导发展,一手抓严格规范管理,构建面向现代化的学会发展新格局。"CCF发展个人会员,完善分级、分类的会员体系,提供多样化、精准化的服务,完善权力机构、执行机构的运行机制,落实民主选举、民主决策和民主管理等改革成果均在《意见》中得到体现。我感到欣慰的是,子德在本文集中反复阐述的一些观点和理念已逐渐成为官员和公众的共识。

光有认识还不够,关键是如何采取有力的措施去执行。二十多年来,子德呕心沥血,天天想的都是怎么把CCF办成一个朝气蓬勃的、有强大凝聚力的、对中国计算机技术和产业的发展有重要贡献的学术社团。2006年,CCF被中国科协列为全面改革试点学会,经过三年的努力,学会完成了既定的改革目标,获得了民政部和中国科协相关管理部门的肯定。2010年2月,我在人民大会堂介绍了CCF的改革成果。这本文集忠实地记录了CCF的改革历程。首先是建立良好的治理结构,完善学会的规章制度。严格的规章制度起到了规范决策边界和办事程序、约束学会成员及组织内部的作用,使学会的公信力不断提高。作为学会的秘书长,子德始终有一种危机感,这种危机感促使他永不停歇地思考学会的现状、存在的问题和未来的方向,分析问题的根源,和学会理事会同仁一道找到化解危机的良策。从这本文集中可以看到,大到举行会员代表大会和开放式选举、建设专委会、发展企业界会员、提升工业界的参与度、提供服务"产品"、设立奖励项目,小到如何开会、如何演讲,甚至社团的饭局,他都提出了自己的真知灼见。

在CCF的发展历史上,YOCSEF的出现是其中灿烂的一幕。科学技术发展的动力是创造力,头脑中既定框框较少的年轻人则是最具有创造力的群体。可惜在20世纪90年代,年轻人缺少发表意见的机会,他们的发展空间受到限制。当时刚刚担任学会副秘书长的子德发起成立了CCF青年计算机科技论坛(Young Computer Scientists & Engineers Forum,YOCSEF)。他在本文集中提到,他的目标是要创建一个和学会过去的体制完全不同的全新组织,它民主、扁平化、开放、有活力,成员之间是平等的,大家有理想、有抱负、敢担当。这令我想起了毛主席年轻时"指点江山，激扬文字"，在湖南创建的新民学会。YOCSEF一登上舞台，就表现出强大的生命力和号召力。它是一个"思想的共同体"，强调"用激情诠释责任，让制度促进优秀"。"创造机会"成为YOCSEF的一面旗帜，成为其社会责任感的象征。一大批优秀的学者从YOCSEF走出来，已成为今天中国计算机界的栋梁。YOCSEF坚持了二十余年，现在已经在全国27个城市建立了分论坛。YOCSEF 实际上是CCF改革的试验田，为CCF的改革积累了丰富的经验。子德在文集中关于YOCSEF的几篇文章反映了他的理想和追求，值得一读。

子德即将从CCF卸任，他为中国科技社团的发展留下了浓墨重彩的一笔，令人回味。

是为序。

CCF 名誉理事长
CCCF 前主编
2021 年 2 月

序言

清晰而坚实的足迹

梅宏

8年副秘书长加16年秘书长，放眼国内外的学术社团，我不知道子德是否是任期最长者，但我想，他一定会是其中"之一"。若再加上他秘书长任上恰逢民政部和中国科协推动的学会改革行动，以及全程经历并推动CCF的制度性变革，我以为，或许他可被列为国内外学术社团史上的"唯一"！

如果说1998年CCF创立YOCSEF是一次面向青年学者的改革尝试，那么，2004年CCF开始发展个人会员的举措，则开启了全面的系统性改革进程。历经16年的发展，CCF从一个事业单位型的社团转型成长为一个具有很强的内在活力、服务能力及巨大影响力的现代社团。其改革和发展受到上级主管部门——民政部和中国科协的高度肯定，曾被民政部邀请在人民大会堂社团交流会上介绍改革经验，被中国科协称为改革开放的一面旗帜，成为我国学会改革的先行者，还多次在国际场合介绍改革发展经验。

回首改革历程，我们可以列出一系列对学会发展影响深远的里程碑事件及取得的重要成果：

- 2003年，首届中国计算机大会（CNCC）在北京举行，其后一年一度并历经多次改版，现已成为数千人参与的学术界和产业界盛会，塑造了巨大影响力。

- 2005年，CCF设立"海外杰出贡献奖"，此后至今已设立十多个奖项，表彰在计算机领域科学研究、技术研发、产业发展和行业服务方面取得特别成就的人士，受到业界高度认可。

- 2006年，CCF采取全面开放式的理事会选举。秉承"会员治会"的理念，CCF理事长、理事均由会员代表差额选举产生，形成了现代化的社团治理架构。

- CCF下属的专业委员会涉及计算机的各个专业方向，分支机构达一百多个，网络遍布全国各地。

- CCF每年举办数百场学术活动，极大促进了计算机领域的学术繁荣。

- CCF坚持开放和国际化，与多个国外知名社团建立了战略合作伙伴关系，如美国的ACM、IEEE CS、AAAI，日本的IPSJ，韩国的KIISE等。通过开放合作产生了良好的国际影响力，初显CCF的国际风范。

- 2018年，CCF启动筹建计算机博物馆。

- 2020年，CCF业务总部及学术交流中心在苏州市相城区奠基。

- 2020年，CCF启动筹建计算艺术分会。

- 2020年底，CCF个人付费会员过8万。

- ……

这一切成绩的取得，当然离不开上级主管部门的指导和支持，离不开CCF原挂靠单位——中科院计算所的开明和支持，离不开计算相关领域的广大同行，特别是全体CCF会员的努力和支持。然而，如果说要列出离不开的"个人"，我以为排在首位的就是子德，这位任职16年，陪伴了4位、5任理事长的CCF秘书长。

我和子德相识应该是在1997年，第一次合作就是我参与CCF YOCSEF的创建并担任了首届学术委员会副主席。2001年起，我轮换担任了多个专业（专家）委员会的主任，直到2020年担任理事长。其间，2004年起，我担任了两届常务理事；2016年起，我担任了一届奖励委员会主任。一直以来，我都是CCF忠诚的志愿者。可以说，我也见证并深度介入了CCF的改革发展历程，和子德有着多层次的高频度交流与紧密合作，我们在理念层面和大方向上具有很好的一致性，但也在做事方法和途径上有过不少分歧乃至争论。对于子德对CCF的倾心投入和重大贡献，我是自愧不如并高度赞赏的。我在竞选理事长时曾说过：我之所以竞选，就是因为高度认同过去十几年学会践行的改革发展理念，并愿意为计算机界同行服务。其中，也不乏对子德的认同及受到其精神的感召。我当时也承诺，CCF未来四年的发展规划主体仍然沿袭既有的治理架构、运行模式和发展路径，以打造具有广泛影响力的计算机领域学术共同体为目标。但可惜的是，其中的三年将缺少子德的同行！他将从CCF秘书长的位置功成身退，但他还会是CCF永远的志愿者。

2021年2月28日，将举行子德的秘书长卸任仪式和唐卫清的秘书长上任仪式。《中国计算机学会通讯》（*CCCF*）编辑部拟把子德在任秘书长期间发表在*CCCF*上的文章集结成册，作为祝贺其退休的礼物，并嘱我作序。我觉得这是一个极好的创意，欣然允之。我也读过子德这本文集中的绝大部分文章，其中不乏给人启迪和引人深思的好文，但我觉得更为可贵的是，这些文章记载了子德在CCF改革发展过程中对于学术社团建设的很多认识和思考，反映了其心路历程，有的想法已经落地实施，有的想法也许未来可以实施，有的想法可能最终难以实施，但无论如何，这本文集将会是CCF过去这段改革史的一份重要的"旁证"史料。

  在我个人的求学和科研生涯中，我一直信奉"坚持""刻苦"和"努力"，我希望自己走的每一步都能留下一个坚实的脚印。作为子德的CCF职业生涯的一个见证者，我以为，伴随CCF的发展，他实实在在地留下了一串清晰而坚实的足迹，这也是这篇序名的由来。

  希望每一位读者都能从文集中触摸到这串足迹！

CCF理事长

2021年2月

序言

努力打造一流的现代中国科技社团

沈爱民

杜子德先生准备将他在CCF工作24年的思考和实践汇编成书，希望我写个序。这几年我很少为别人写序，但是对于子德的书，尤其是他撰写的关于学会改革发展的书，这个序当然要写。

原因很简单，因为志同道合。子德对于CCF改革发展的所思所想，也是我在中国科协推动学会改革发展时的思考和理念。

一

中国科协是我国包含科技社团最多的组织系统，其所属学会数量占全国科技性社团总数的近八成。这些学会历史悠久、质量较高、组织健全、活动规范，是我国科技团体的中坚力量。另一方面，中国科协所属学会大多是从计划经济脱胎而来的，行政化色彩比较浓厚。同时，与我国"摸着石头过河"的改革历程相同，科技社团也一直在探索中寻求发展。从整体情况看，我国社会组织发展还处于培育初期，几十年前，有关学会改革发展的指导性政策文件也不多，这增加了探索难度，也更需要我们有主动精神和勇气。改革既要有自上而下的指导，也要有自下而上的主动，两者缺一均难成功，这也是我国改革发展的重要经验。

2006年，中国科协启动新一轮学会改革。这项工作包括全面改革试点和单项改革试点，先后共支持120个学会开展创新发展项目199个，其中综合试点项目2个，专项试点项目36个，示范项目9个，面上项目152个。2007年，这项工作得到民政部支持，中国科协与民政部联合开展了推进科技类学术团体创新发展试点工作。2012年，为落实中央书记处关于打造一流科技社团的要求，中国科协与财政部联合启动了学会能力提升专项。2013年，该专项拓展到地方，全国近25个省级政府部门出台文件，形成上下联动、协同发展的局面，学会改革发展取得良好进展。

有的读者可能注意到上面提到的数字，比如综合试点项目2个。2个的意思就是只有2个学会参与了。试点采取的是学会自愿申报、科协审批的方式。单项改革试点项目涵盖学会建设的许多方面，可任选其中之一。中国科协所属学会有二百多个，单个项目申报很踊跃，大部分学会申报了。但是申报综合试点项目的很少，只有几个。最后确定了2个，其中之一就是CCF。

为什么申报综合试点项目的学会这么少？原因其实很简单，因为难度大。

我记得，当时关于综合试点项目说得不多，没什么华丽辞藻，核心内容就是干巴巴的三个指标：第一，在外部体制上，与行政部门脱离挂靠关系；第二，在内部治理结构方面，决策层（秘书长及以上）实现名副其实的民主选举；第三，在办事机构方面，要求秘书长以下的人员全部实行社会招聘，有进有出，动态管理。

　　做过学会工作的人一看就明白，好嘛，这是给自己做手术呢！这三条看起来简单，却都是硬核指标，涉及学会体制的深层次问题，涉及切身利益，实打实地在割自己的"肉"，割的还全是"好肉"。

　　当时，绝大部分中国科协所属学会有挂靠单位，这是我国普遍实行过的管理模式，挂靠单位为学会提供办公场所、工作人员、活动经费以及赋予学会某些职能等，为学会提供生存和发展条件。但挂靠体制的弊病在于，这种"政社不分"的体制，使学会的行政色彩过重，民主办会被削弱，导致学会缺乏自主发展能力。我国有关法规修订后，只明确保留登记管理机关和业务主管单位，挂靠单位不再具有对学会实行管理的规定职责。但是，在当时的条件下，学会脱离挂靠，等于主动离开"靠山"，自行"断奶"。而且，当时有不少学会参照事业单位进行管理，专职人员有级别，办事机构有编制，衣食基本无忧，虽不能大富大贵，但过小康日子是没问题的。而主动放弃级别，不要编制，这等于砸自己的饭碗。所以，这三条说说容易，做起来难。如果当时我是学会秘书长，估计也不会申报。

　　之所以提出这三条要求，主要思路也简单明了，用大白话说，就是学会要像个学会。人类社会中，某种类型的组织形态能够产生和存在，一定有其独特的作用和价值，它不能被取代。如果能够被取代，就没有必要存在。这种独特性和唯一性决定了不同的组织形态有不同的定位和目的，也有与其相适应的体制、机制和活动模式。因此，我国社团改革的目标是推动建立和完善现代社会治理格局，在党的领导下，政府、企业和社会组织实现八个字：各归其位，各尽其责。

二

CCF是我国科技社团改革发展的成功范例。

CCF率先开展改革，并且坚持至今，已经进入良性轨道，实现了当初确定的改革目标。不要小看这个过程，这实际上是学会的历史性转型。我参加过CCF的一些活动，深知他们很不容易。

要想知道有多不容易，不妨扩大范围，换个角度了解一下。

在社团体制改革中，党和政府最为关注的类别当属行业协会和商会。行业协会商会与行政部门的"血缘关系"接近，很多是由政府部门组建的，不少国家级的行业协会本身就是有关部委在机构改革中转过来的，因此，"官办"色彩比较浓，有的还成了"二政府"。伴随政府机构改革的进展，明确将行业协会商会作为社团体制改革的切入点。这项改革由政府主导和推动，政府制定了一系列政策，并提供许多方面的支撑和保证，目标是实现

"政社分开",社会组织与行政脱钩,依法自治,自主发展。其改革方向和主要内容与CCF的改革基本一致。

2005年,国家发展改革委等部门制定《关于行业协会商会改革与发展的若干意见》,启动行业协会商会与行政脱钩工作,这也与中国科协推动学会改革基本在同一时期。2019年6月,国家发展改革委、民政部等十部委又联合印发《关于全面推开行业协会商会与行政机关脱钩改革的实施意见》。这期间,有关政策陆续出台,其中包括一些中办和国办印发的文件。在我的记忆中,每隔一段时间,就有相关红头文件发布。在如此密度和力度的政策推动下,2019年,也就是启动改革近15年后,完成脱钩任务的全国性协会和省级协会也仅刚刚过半。由此可见,用徘徊观望、步履维艰来形容社会组织的体制改革,不算过分。

在同样的社会环境和时代背景中,CCF的改革却是自己主动进行的,而且没有受到太多的政策倾斜(中国科协对试点学会有些支持,但比较有限,比如允许突破某些现行规定,给与部分经费支持,主要是给了试点身份),却取得了突破性进展。

我认为,要实现这样的进展,需要具备知识、见识和胆识,缺一不可。

三

先说知识,有知识才可能有见识。

在我国,由于社会组织发展先天不足,NGO研究也长期处在冷门和边缘地带。后来虽然有所改善，但理论建设整体仍然比较薄弱，导致很多基础性问题还是处于"雾霾"之中。

比如，什么是学会？这个问题显然属于学会工作的"ABC"范畴，是基础理论的基础。然而，这样一个看起来不是问题的问题，竟然被理解得十分混乱。

有些行政部门将学会视为所属机构，或将学会等同于事业单位，有些部门的红头文件就是这样明确的，人员、经费、级别都按照事业单位管理；有些则认为学会是行业性科技组织，一些学会章程就是这样表述的；还有一些权威工具书将学会视作人民团体。在学会基本性质的表述上，红头文件、学会章程、权威工具书中，竟然有五花八门的错误表述，这种现象在其他组织体系中极其罕见。

有的学会工作者长期从事社团运作，有较强的实践能力，但是缺少NGO基本理论基础。有的专家学者有良好的理论水准，但多是参照国际上的理论。两方面兼具者，少之又少。而学会的改革发展亟需一批真正懂学会工作的专家。只有先当"知道分子"，才能保证学会改革在起点和全程都不跑偏。

CCF在这方面做得不错。我认真看了这本书，里面涉及的问题都是学会运作的基本问题。能把这些问题讲清楚，既需要扎实的理论功底，也需要丰富的实践经验。

举个例子，书中专列一章《学会为什么要有会员》。一般人看来，学会要有会员是理所当然的，这还用讨论吗？实际情况是，这个问题是我国学会普遍存在的待解难题。其实，《社会团体登记管理条例》中已经明确规定，社会团体是指"中国公民自愿组成，为实现会员共同意愿，按照其章程开展活动的非营利性社会组织。"因此，学会的重要任务应该是实现会员的共同意愿，努力为会员开展服务。现实中，一些学会为会员服务的意识极其淡薄，缺乏为会员服务的手段和能力，缺少会员参与民主办会的机制和渠道，有的学会甚至没有个人会员。以致在中国科协和民政部发出的有关通知中，特别要求将强化会员主体地位作为学会改革的重点内容。中国科协曾多次提出，"会员是学会的立会之本，联系会员、服务会员、发展会员是学会的基础性工作，会员是否满意是衡量学会工作的主要标准。"据我所知，CCF的办会宗旨是3M，即会员构成、会员治理及为会员服务。这本书中也鲜明地提出，会员认同是入会的最高境界。书中有相当的篇幅讨论了CCF如何将会员作为工作着力点和抓手，取得了积极进展。

再说见识，有见识才有出路。

但是，有知识未必就能有见识。"知识就是力量"，这句众人皆知的话是英国哲学家弗朗西斯·培根说的，其完整版是这样的："知识就是力量，但更重要的是运用知识的技能。"建设具有中国特色的学会，可参照的东西不多，在具备基本知识后，更重要的是要结合国情和学会实际情况，唯真唯实，独立思考，在理论上深入探索，在实践中不断开拓，这对我国学会尤为重要。

在我国社团与行政脱钩改革的进程中,有些团体长期纠结于脱钩以后的功能定位、人员身份待遇和经费来源,希望党和政府继续出台配套政策,保证其生存发展。而CCF主动脱离实行了近40年的行政挂靠体制,自觉离开了舒适区,并且从来没有对科协和有关部门提出过什么要求。能做到这一点,需要具备良好的理论洞见和思考高度。在本书中也可以看到CCF采取了许多举措,少了依赖,多了活力,迎来的是自主有为和大有作为。

最后说胆识,有胆识才有创新。

学会的内部治理结构是学会生存发展的关键性问题。书中有相当的篇幅涉及这方面内容。比如,书中专门提到了强化会员代表大会的权力,直接差额选举学会领导人。这个问题既复杂又敏感,而且涉及现行政策规定,算是学会改革的深水区之一。我在2008年参加了CCF首次直选会议,感受到了勇气和魄力,看到了程序公平和制度设计。从这些年的情况看,CCF已经较好地理顺了学会权力机构、决策机构、监督机构与执行机构的关系,健全了理事会民主决策程序,有效防止了行政化倾向。

在人类历史上,科技团体的出现只有五百多年,我国近代自然科技团体的历史才仅仅一百多年,还是个"年轻人",更需要的是朝气蓬勃、敢为人先、勇于进取的精神。漫漫学会路,总会错几步。学会工作就是要不怕试错,哪壶能开提哪壶。

子德在书中聊到乔布斯时,说了句让我挺有感触的话:"更何况,我还可以继续创造。"这让我想起参加南极科考时科考队所到的象岛，当年探险家沙克尔顿的船在这里被困，后来历尽艰辛才得以返回。沙克尔顿在屡经挫折后说了句类似的话，他说："唯一真正的失败，是我们不再去探索。"

四

CCF的改革顺应了时代趋势，得到了中国科协和民政部的指导和认可。李国杰理事长和杜子德秘书长齐心协力，实施了有力的组织领导。此后历届理事长秉承改革理念，不断深入拓展。理事会、秘书处和广大会员也给予了充分理解和积极支持。这些都是改革成功的重要因素，形成了"天时、地利、人和"的有利条件。

在这个进程中，子德作为秘书长，发挥了不可替代的独特作用。有种说法认为，初级水平的组织讲的多是规则和共同利益。而真正有凝聚力的组织讲的是共同信念，以及至情至性。我的感觉是，子德是有理想的人，同时也是性情之人。

社会组织具有非营利和志愿性质，在学会工作确实需要奉献精神。从收入角度看，学会工作人员的收入在全世界都处于中等水平，或者是中下水平。出国工作访问时会发现，最讲究的接待方是企业，政府次之，最不讲究的就是科技团体，穿个牛仔裤，端杯咖啡，在屋子角落里随便一坐，说起学会发展，热情洋溢，激情四射。

要激发人的创造力，不是靠物质条件，而是要让人感觉在做事业，而不仅是在做事情。今天吃过，明天还得吃，那是吃饭；今天吃过，明天还想吃，那是美食。今天上班了，明天还得上，那是职业；今天上班了，明天还想上，就是事业。

我们中国学会人的事业，就是建筑一座大厦，大厦的名字叫"中国社会建设"。我们从事的是改变我国几千年社会构架的伟大事业，是充满希望的朝阳事业。因此，我很理解子德在书中说的这句话："到目前为止，我已经创造出了足够使我欣慰的东西，享受了足够的快乐，难道还不满足吗？"

总会有些人能让你更敬重他所从事的工作，我觉得，子德是这样的人。

记得有段话是这样说的："看一个组织有没有希望，不是看政府给了多少政策、多少扶持，而是看这个组织的成员是不是兴奋，是不是开始创业，是不是开始有梦想，是不是开始让梦想落地。"

努力打造一流的现代中国科技社团，是我们学会人的梦。CCF正走在让梦想落地的路上。路漫漫其修远，我相信，CCF能够继续上下求索，一路前行。

中国科协原书记处书记

2021年6月27日

自序

偶然搭上的一班列车

我在中国计算机学会（CCF）担任秘书长期间写了不少文章，但那都是针对CCF的变革和工作开展而撰写的，从来没想到要出一本文集。2021年2月28日是我在CCF工作的最后一天，CCF搞了一个秘书长告别仪式和新任秘书长就职典礼。就在那次告别仪式上，*CCCF* 编辑部的同仁们送给我一件特别的礼物——《杜子德文集》，他们把我在 *CCCF* 上发表过的文章集合在一起印成了一本非常精美的书，这完全出乎我的意料。更让我没想到的是，CCF名誉理事长李国杰院士和现任理事长梅宏院士专为此文集写了序。这就是现在要正式出版这本书的缘由。

就如同没料到能出文集一样，我到CCF工作也完全出于偶然。

1996年，那时我在中科院计算所从事技术工作，时任计算所常务副所长的李树贻研究员找到我，希望我到CCF工作，以便我未来接替秘书长的工作。我纠结了两三个月后，最后还是答应了，9月1日报到，两个月后全职投入工作。

CCF的工作和我所想象的完全不是一码事。当时在学会几乎没有什么工作要做，基本上是朝九晚四，很舒服，但这使我很失望，因为这相当于虚度我的青春年华。第二年，CCF和香港电脑学会合作在北京举办了一次称之为"一会两地"的学术会议，此后就又没什么事了。我曾经在欧洲做过访问学者，在那里看到了非常先进的东西，激起我在CCF进行变革的愿望。经过一段艰苦努力，我在CCF于1998年5月18日创建了青年计算机科技论坛（YOCSEF）。论坛于8月22日开张，非常成功，从此一发不可收拾，影响力越来越大。YOCSEF是我希望变革CCF的一块试验田，我想把我多年来学到的、思考的以及在欧洲看到的先进的东西在CCF实现。关于YOCSEF变革的故事，文集里有详细的阐述。

　　那时，我很想在学会发展个人会员，但得不到学会高层的支持，而理事会也不开放，总是几个人在那里"酝酿"一个等额选举的候选人名单，再找约200位"会员代表"投票通过，结果可想而知。在我看来，CCF的问题和中国的其他社团一样，主要就是体制和机制问题。但在当时的环境下，改革无望，于是我就通过YOCSEF实现我的理想。不过，真正能够站在舞台中央，开始实现变革的理想，是我在2004年4月当上CCF秘书长之后，而那时，我已经当了8年的副秘书长。同时担任理事长的是计算所所长李国杰，他和我的价值观以及对社团的认识出奇地一致，真是天赐良机，我们联手开始了对CCF的全面变革，直到他2012年1月卸任。

我们两个人都很奇怪学会为什么没有个人会员，而只有团体会员，非但如此，学会还要挂靠于一个单位。对于前者，没有外部的掣肘，我们可以大胆出击，而对于后者就不那么容易了。2004年5月29日召开的常务理事会通过了多年未决的关于发展个人会员的决议：发展个人会员，理事和专委委员都必须入会，否则离开。尽管学会由（个人）会员组成属于常识，但在当时却令许多理事难以接受，因此落实时遇到了极大的阻力，不过后来都被我们一一化解了。脱离挂靠则又过了两年半，直到2006年9月由中国科协推动，才使CCF脱离了中科院计算所。

我深知一个组织的治理架构对于它的生存和发展至关重要。改革CCF首先要从治理架构入手。所以，从2004年起的十几年中，CCF对治理架构的调整从来就没有停止过。现在，CCF的治理架构已经趋于完善。

脱离挂靠后，学会没有任何公共财政支持，这就要求自己必须有造血能力。学会理事会的成员大多来自学术界，他们羞于谈钱，感觉谈钱会掉价。为了取信于理事和会员，我主动把CCF预决算的审议批准权交给了常务理事会，还把一年的财务预决算信息发给每一位会员，做到财务公开。不但如此，我还把我自己的薪酬标准的制定权也交给了常务理事会。理事们看到我一心一意地为学会做事，给学会创造了很多软的和硬的价值，而我本人还比较磊落，慢慢地，他们就不在钱方面嘀咕了。

专业委员会则是学会的一个很大的主题，常务理事会讨论最多的就是专委。总部和专委多有"交锋",围绕着专委的权限、(有些)专委的独立倾向、专委领导机构的人数、是否需要挂靠、专委是否有独立的品牌、专委委员是否一定要成为CCF的会员、专委会议的组织和经营、专委向总部"缴税"等问题,经历了长期而又非常曲折的博弈过程,本文集专门有文章讲述这方面的故事。

与研究者或专门撰稿的人不同,我是一个探索者和实践者,这些文字都是我对工作的思考和实践的总结。或许有人愿意把它上升到理论的高度,而在我看来,只要它能解决实际问题就是好的,而不管它是否能套上某些理论。不过话说回来,能解决实际问题的方法一定是符合某种规律的,否则也不会奏效。

感谢名誉理事长李国杰和现任理事长梅宏为此书作序。特别是李老师,他给了我很高的评价,让我非常感动。在CCF,我和他搭档8年,应该说,他是最了解我的。梅宏虽小我8岁,但和我也是同道人,YOCSEF初创时,他就是学术委员会委员。时任中国科协学会学术部部长的沈爱民是对社团理解非常透彻的人,是他在分管学会时在关键时刻打开了一扇改革开放的门,让CCF脱离了挂靠单位,从而使CCF走上了一条自主自立的道路。他对CCF非常了解,他为本文集写的序也讲述了CCF改革的一些故事和他的思考。*CCCF*编辑部主任李梅和她的几位同事花了很多时间和精力编辑这本文集。新创建的北京西西艾弗信息科技有限公司的副总经理梁伟和严伟为了出版这本文集,花了很多心血。我很感谢他们为本文集的出版所做出的贡献。

借出版这本文集的机会,我想感谢我的父母。在家里孩子多、经济非常困难的情况下,他们却一直供我读书,直到我研究生毕业。他们正直、善良和大爱的优秀品格对我的一生影响至深,他们在天之灵一定会很满意我所做的工作。我要特别感谢我的太太蒋玉清女士,她二十多年来毫无怨言地支持我并承担了大部分的家务,没有她我就不能一心一意地扑在CCF的工作上,也不会取得这样的成就。我还要感谢我的女儿杜辛楠博士,她优秀的学业、独立自强和努力上进的品格让我甚少为她操心,而她在学业和学术上不断取得的成就对我也是很大的激励。

于香港中文大学(深圳)上园

2021年6月17日

目录
CATALOGUE

编者按

序言——探索科技社团改革之路

序言——清晰而坚实的足迹

序言——努力打造一流的现代中国科技社团

自序——偶然搭上的一班列车

其人其心

卸任告别演讲——值得铭记终生的一段职业经历 2

杜子德专访——十七载耕耘，CCF 蓬勃发展 7

关于学会的本质和治理架构

共同体和学术共同体 22

CCF 治理结构的理论探索与实践 27

关于社团发展的认识 47

学会的核心是认同 63

学会·会员·平台 69

学会为什么要有会员 75
会员代表大会的历史性贡献 82
开放式选举是会员治理的重要体现 87
从开放式选举看学会民主治理的进步 91
选举和参选是会员"法定"的权利 95
民主制度的重要性在于说"NO！" 98
为什么一项好的动议会"流产" 104
什么是世界一流社团 112
社团的信誉及其意义 117
社团中的"山头" 122
CCF 向何处去 127
CCF 的危机 133
"启智会"为什么难以启智 140

关于社团的运营和管理

联结 144
学会走向职业化的重要一步 147
社团的非营利属性和商业运作 150
非营利机构的经济行为和财务管理 155
社团中的人力资源 161
社团的饭局 166

社团的评价 171
奖励的本质和奖励的异化 176
学会如何开会 184
如何演讲 190
靠分部把会员黏住 197
社团中的志愿者 204

关于分支机构

关于专委发展的一些思考 214
专委发展的转折点 225
分支机构向总部"缴税"是学会的一大进步 230
专委发展的历史性进步 235
如何让一个组织始终保持旺盛的生命力 238
YOCSEF 永远年轻 243
激情下的 YOCSEF 246
YOCSEF 十年 259
YOCSEF 十年发展历程 267
在 YOCSEF 十年特别论坛上的发言 272
YOCSEF 向何处去 277
让 YOCSEF 回归正道 282

关于其他问题的论述

创新就是解决现实问题..................288
科学、技术和工程......................296
计算思维及其意义......................300
科普的难处............................303
专业和专业化的困惑....................310
疫情时期的一点思考....................317
IEEE 限制审稿事件给我们的启示..........320
乔布斯对我们有什么意义................323
怀念张效祥先生........................327
怀念夏培肃老师........................334
ACM 举行阿兰·图灵诞辰 100 周年纪念会....338
为什么要兴建 YOCSEF 小学...............345
吕梁教育扶贫 17 年.....................351
关键词索引............................355
部分人名索引..........................360

其人其心

这两篇是在我2021年卸任时写的。一篇是我的告别演讲，反映了我到CCF工作的心路历程和卸任时的心情。作为学会秘书长，我常常要发表演讲，为了和听众有更好的互动，且在演讲时更有感情，更加亢奋，我从来不让他人代写发言稿，而是自己精心设计演讲的架构和内容，但一般只是提纲，并不成文。而这次告别演讲则不同——有文字稿，这是为了避免我在发言时情绪失控，毕竟24年多职业生涯的结束在我的人生中是一个重要的里程碑。当然，成稿也有利于媒体快速刊登，免去整理的苦力。另一篇是采访我的访谈记录，采用问答式，部分反映了我对运营CCF的看法、经验和体会。

❖ 我心向往——一个科技社团改革的艰辛探索

卸任告别演讲
—— 值得铭记终生的一段职业经历

今天是我在CCF以专职人员身份工作的最后一天。我于1996年9月1日到CCF工作,至今已有二十四年半。我从2004年4月17日担任CCF秘书长以来,任职十六年又十个半月,将近十七年。CCF是我一生中任职时间最长的机构。

我亲身经历了CCF从旧体制到新体制的过渡性时期。我原来在中科院计算所工作,到CCF工作本不是我自己的选择,而是一种制度使然和偶然因素导致的结果。所谓制度使然,就是当时CCF挂靠在计算所,计算所必须为学会配备一名未来的秘书长人选。显然,如果没有挂靠制,我几乎不可能到CCF工作。而计算所当时的领导之所以选择我,不是因为我有什么背景,也不是因为我在运营NGO(非政府组织)方面有什么经验,而只是因为我平时似乎还能"张罗"点事儿。但是,我到CCF工作意味着我要离开我热爱的科研工作,技术职称很难得到提升,薪酬也会降低许多。当然,我到CCF工作也绝不是为了轻松,更不是出于对它的热爱,而是出于对它的不满甚至痛恨。因为在我到CCF工作之前,尽管它的行政总部就设在计算所,但我没有从它那里获得过任何服务,它对我的专业发展没有丝毫帮助。我当时想:如果我来运营CCF,我能不能使这个组织得到改变,不遭别人痛恨,而给他们带来价值?这就是我最终同意到CCF任职的朴素的想法。现在看来,我们对CCF的过去并不应该有过多的抱怨和批评,它是那个时代的产物,因为那时几乎所有中国社团都是如此。

我到CCF工作时只有41岁,当然不愿意把自己的青春就枉费在这个地方。我有丰富的经历,是科班出身的计算机专业人士,受过严格的学术训练,也有宽阔的视野,我不满足于朝九晚五的轻松日子,我想促进改变。于是,1998年,尽管当时的秘书长反对,我还是在融到足够的活动经费并得到时任正、副理事长支持的情况下,用全新的思路和规则创建了CCF YOCSEF(CCF青年计算机科技论坛)。一个由青年人掌管的、全新的、具有生命力的活动及相应的组织就这样诞生了。不到两年,它在业界就声名鹊起。YOCSEF是我企图变革CCF的一种尝试,它的成功给了我极大的信心。

不过,YOCSEF的成功也使我有点"忘乎所以",我以为很快就能当上CCF秘书长,可以大显身手变革CCF了。在CCF工作4年以后,正当我做着担任秘书长的"黄粱美梦"时,CCF的老同志们站出来说"NO!"他们认为,秘书长需要由沉稳而又资深的学者担任，而我太年轻、太简单、太天真，不适合担任秘书长一职。这对于我无疑是当头一棒，我感觉被"耍了"，很是不平。离开，还是留下？这是一个问题。这个打击使我冷静思考：想成就任何事绝不那么简单，必须要有长久艰苦作战的准备，包括受委屈。经过一段时间的调整，我恢复了情绪，以低调的态度和饱满的热情投入工作。这样，又过了4年。

当我不再考虑是否可以担任秘书长的时候，2004年4月17日，CCF换届，理事会聘任我为秘书长。从此，我和新任理事长李国杰教授搭档，开启了CCF的变革之路。而这时，我到学会当"学徒工"已有8年。

经过17年的变革，CCF和当年已经不可同日而语。它秉承3M（会员构成、会员治理以及为会员服务）理念，完全按照国际规范治理，已成为一个在业界有广泛影响力、具有一定国际声誉的学术社团，现在已拥有8万多名付费会员。我认为自己在学会治理架构的设计、制度的完善、新产品的创建、经济实力的提升以及品牌营销等方面发挥了重要作用。看到CCF的变化和目前的成就，作为其首席执行官，我感到无比自豪，因为CCF这样一个"作品"里凝结了我自己的心血，有我鲜明的烙印。

回顾我这一生中最长工作时段的经历，如果说我还有些优点的话，我认为就是守信、坚持和具有批判性思维。没有行政一把手的守信、廉洁和纯粹，就很难建立会员对学会的信赖，也不会取得外界对学会的信任；没有长期的坚持和坚守，就不会依照当初所设定的崇高目标，矢志不渝地为之奋斗；而只有拥有批判性思维，才能勇于变革，永不满足。

有人说，我到CCF失去了很多，但我认为，我获得的更多；也有人说，我改变了CCF，但我认为，是CCF锤炼了我，改变了我。如果没有在CCF的历练，我就不可能像现在这样，能很快抓住事物的本质，也不可能有如此强的领导力和把控力。因此，我感恩CCF，感谢会员和理事们给了我一个这么好的平台来磨炼我。

CCF十几年的变革说明，这样一条路在中国是完全行得通的，其他学会不妨尝试。有一位CCF资深理事指出：尽管CCF有这样先进的理念和成功的案例，却鲜见被中国其他社团复制，这似乎显得不正常，或者说，CCF对中国社会的贡献还不够大。这是个问题。CCF可以改变自己，但现在还没有能力影响和改变其他社团。就此点而言，我们必须继续努力，在推动中国社会进步方面做出更大的贡献。

在秘书长任期内，我先后在李国杰、郑纬民、高文和梅宏理事长的领导下工作，他们非常信任我，给了我极大的创造空间。要特别感谢李国杰理事长，他曾留学美国，深谙社团之道，是他开启了CCF的变革之路。2006年，中国科协推动学会改革，CCF抓住了难得的契机，毅然决然地脱离了挂靠单位——中科院计算所，这使得CCF大大拓展了发展空间。CCF改革的成功，正可谓把握住了"天时、地利、人和"！

我感谢CCF常务理事会,不管有多少争论,我提出的绝大多数动议最终还是能获得常务理事会的通过,形成"法律"。要特别感谢和我多年并肩作战的副秘书长与工委主任们,是他们把常务理事会的决议和学会规划的新项目执行到位。最后要感谢我的员工团队,他们是一支很敬业和专业的队伍,我很喜欢他们,感谢他们的贡献。

从明天开始,我就要离开我工作了24年的CCF了。尽管我热爱CCF,但我并不留恋秘书长这个职位,因为我知道,作为一个职业经理人,到时候必须离开,而由其他人接棒把CCF的事业继续下去,唯有按制度更替并能持续发展,方能显示出一个组织的伟大。再者,我将从一个亲历者和创造者转换角色,从侧面审视我参与锻造的"作品"会向何处去。或许,只有卸任后作为旁观者才能看得更加清楚。

不过,我不会离开CCF,这一生我都将会是CCF的一员,CCF永远在我心中。

(本文是杜子德在2021年2月28日CCF秘书长就职典礼上的离任发言,本书出版时有修订。)

杜子德专访
—— 十七载耕耘，CCF蓬勃发展

陈云霁　　王　涛

编者按：CCF成立于1962年，是计算机及相关领域的学术团体，全国一级学会。在过去的十几年里，CCF全体同仁团结奋斗，持续努力，学会不断发展壮大。2021年CCF会员人数突破8.3万（10年增长了10倍），CNCC（中国计算机大会）参会人数突破8000人，会员活动中心达32个；理事会换届有严格的资格审查、提名、自荐和选举程序；和ACM、IEEE CS等国际学术组织建立了密切的合作关系。学会各项工作成绩斐然，这离不开CCF理事会的正确决策，也和执行机构的运营管理密切相关。2021年2月28日，在CCF担任了近17年秘书长的杜子德研究员卸任了，*CCCF*动态专栏特别采访了他，请他分享CCF发展中的一些故事和经验。

问：子德好！你作为负责CCF运营和管理的首席执行官，CCF在你和同仁们的努力下得到了长足的发展。你曾经是一名在欧洲留过学的中科院计算所科研人员,本来具有很好的科研能力与发展前景,是什么原因驱使你从科研工作转向CCF的组织管理工作?CCF在过去的发展历程中,你认为哪些工作成绩最值得骄傲,是如何做到的?

杜子德:学会有了今天的发展,当然不能否认我作为秘书长的作用,但如果没有好的契机和环境,没有学会同仁的共同努力,光靠我一个人肯定是不行的。1988年,我在欧洲做了一年的访问学者。科研工作之余,我自费访问了16个国家,这段经历令我大开眼界。看到欧洲经济那么发达,物质文明和精神文明等方面都非常先进,这对我有很大刺激。**那时中国太落后了,我也意识到自己对国家建设的责任,我希望按时回国并有机会改变中国**。出国的经历对我的改变太大了,我的爱国主义教育就是在那时完成的。如果我一直待在国内,我的思维和境界一定达不到现在的水平,而后我在CCF的所有工作,一定程度上都和我在国外工作和生活的经历有关。

我到CCF工作很偶然。当时CCF还挂靠在中科院计算所,组织上需要派一个年轻人来接替当时的秘书长。对于学会这种"万金油"式的工作,做技术的人都不愿意干,因为没有论文可发,没有科研成果,待遇不高,没有吸引力;而管理型人才一般更愿意去企业，他们也不愿意来。我所学的专业是计算机技术，当时来学会并不是我主动的选择，而是受计算所的委派。最终，我阴差阳错地来到了CCF。我既然答应了，就决心把它干好。**我觉得做事情必须专注，不能三心二意。既想出名，又想得利，工作恐怕是做不好的。**

回想起来，我到学会已超过24年了，为CCF确实花了很多心血，也付出了一些代价，尤其在待遇方面，工资较低，影响了家庭的生活水准。但看到现在CCF的巨大发展，还是很欣慰，挺有成就感的。我初到学会时的情况和现在截然不同。1996年，学会还不支持发展个人会员，专业人士也难以从学会得到专业服务。那时，常常有青年学者到我办公室和我探讨业界的问题，他们很有社会责任感，也很有想法。在时任CCF理事长、副理事长的支持下，我于1998年创建了青年计算机科技论坛（YOCSEF），希望年轻人能够在这个平台上发出声音，影响社会。根据我在国外的体验，我认识到，学会不发展不是人不行，而是学会的制度不好：不开放，思维陈旧，一直在旧体制中打转。所以，我首先设计了一套全新的制度在YOCSEF中尝试，如平权制、民主和公选制、约束制，实际运行了一段时间，大家都能接受，结果成功了。后来我当了CCF秘书长，慢慢把这一套制度在CCF里实施，很有效果，CCF也成功了。**CCF的特点是有先进的治理架构，有清晰而严密的成文规则，大家都必须遵守规则，理事长、秘书长、理事、常务理事都必须按规则办事，"把权力关在笼子里"**。为了约束理事长和理事的行为，CCF专门设置了监事会，就是不能让理事会想怎么干就怎么干，监事会约束理事长和理事，理事会和理事长约束秘书长，结果，这个组织就很收敛。大家既要为学会做奉献，也要按规矩办事，不能随心所欲。CCF的这一套制度很有现实意义，不过也属于常识，本来就应该这样做。

问： 为了给年轻人一个发展和实践的舞台，你作为创始人之一，于1998年创立了CCF YOCSEF。在过去的22年里，从YOCSEF中涌现了大量的IT精英，他们在各个岗位发挥着重要作用。今天的YOCSEF和你二十多年前的创建构想有何异同？你对中国青年计算机人才发展有何建议？

杜子德： 从YOCSEF中确实走出了一大批有出息、有能力的人士。**创立YOCSEF的目的是给青年人机会，我们的口号是"创造机会"**。现在条件比原来好多了，经费也比原来充足，但是机会和话语权仍然是稀缺之物。从这个意义上讲，我们的平台还远没有过时，还要继续留存并且扩大。这是由青年的特质决定的，这些特质不会因为时代发展了就没有了。人脉不广、经验不足、资源缺乏、被认可度低是任何年轻人都会遇到的问题。**学会就是要让年轻学者或者专业人士能够更好地成长，给他们搭建平台**。

当下的中国社会，非常重视"帽子"，这对青年人的成长是非常不利的，因为没有"帽子"，他们的成就和价值就很难得到认可,这很不公平。YOCSEF即将成立23年,未来还要继续干下去。

问:CCF致力于为专业人士提供专业化服务。除了YOCSEF,学会还有哪些重要的产品吸引会员?在专业委员会、会员中心机构中,CCF专业化的服务标准是什么?如何进行评价?怎样才能创建并持续提供优秀的服务?

杜子德:CCF的主要分支机构是按学术方向构建的专业委员会,其次是按地区组织的会员活动中心,通过这些平台,CCF为会员提供交流和发展的机会。学会目前已经有8万多会员,必须构建不同形式的网络平台,把会员联结起来。比如YOCSEF是青年人的网络,专业委员会是学术平台,会员活动中心是地区的联络平台,此外还有学生分会,等等。不同的群体有不同的诉求,那么相应的分支机构的定位也是不一样的,应该根据不同的定位设计不同的活动。

对学会的评价应该有一套符合其属性的指标,比如是否独立(是否从属于其他机构),是否由会员治理学会(是否公选领导机构)。当然,会员数和会员的活跃度也是主要的评价指标。学会的学术资源特别是信息资源应该是丰富的,以服务会员和业内人士。学会的经营能力和经济能力也是重要的评价指标,平台要有商业模式,一个没有政府资助的非营利机构要有稳定的经济来源才能保证各项服务的开展,否则无法生存。学会和公司的重要区别是，学会不是一个产品服务机构，它不是client-server模式，学会本质上是一个平台，它要让所有会员能够在这个平台上有表现的机会——策划、主持、演讲、撰稿、评价，这些都是会员在平台上的表现形式。

评价学会的另外一个重要指标是影响力。 CCF在过去的十几年中做了很多工作，应该说在业界已经具有不小的影响力，包括引领学术方向和学术评价、奖励机制、对公共政策的影响等。由于价值取向、机制、做派和上述这些因素，CCF和ACM、IEEE等国际知名学会以及日、韩等国的同类学会建立了密切的合作关系。学会办得好，参加学会活动的人数就会增多，学会的品牌在业界的影响力就会增大，业界的企业也就愿意参与活动，并可能提供更多的经费赞助，而融资多了，学会就能做更多的事情。

问：在你的倡导下，CCF筹建的计算机博物馆计划落户杭州，CCF业务总部及学术交流中心落户苏州，这些具有深远的历史意义。对于业务总部的发展目标，有何规划？计算机博物馆的项目不幸"流产"了，你能否谈一下CCF对于计算机博物馆的设想，展馆中"中国计算机历史记忆"征集历史物件和人物访谈等的筹备情况？

杜子德：我去德国达格斯图尔（Dagstuhl）计算机会议中心开过会，那里的做法对我启发很大。我们每年召开许多会议，但在同一地点参加不同会议的人相互没有关系，如果能把计算机界的大同行聚集在一块开会，岂能不产生价值？！我把这个故事讲给苏州市的政府官员听，他们听懂了，看到了价值，于是帮助CCF在相城区建造一栋业务总部大楼，也是学术交流中心，建筑面积达33 000平方米，计划一年后落成。**CCF学术交流中心每年至少举办三百场会议，并且将来很多活动都可以在那里做，计算领域的各个同行聚集在一起，一定会产生溢出效应。**其中一种效应就是为苏州提供学术支持，为政府提供咨询意见。

关于计算机博物馆，我去日本考察了两次，去美国考察了两次，他们做得非常好，而且也支持CCF建博物馆，于是CCF和杭州萧山区政府谈好建一栋博物馆大楼。但遗憾的是，由于规划的改动，当地政府不能履约，这个计划就"流产"了。CCF打算重新找落地的城市，我认为，如果看到了潜在的价值，地方政府是愿意支持做这件事的。

关于计算机历史的记录，我们此前不够重视，近两年来，CCF加大了投入，安排专人专款采访对计算机事业有贡献的卓越科学家，目前已经采访了30多位。CCF将来会把这些资料整理成视频和文字材料，制作为计算机博物馆的重要内容。关于具体的计算机物件，CCF做了一些调查：目前国内这些计算机物件流失比较严重，但还有一些；也有一些个人在收藏，并表示到时愿意捐给CCF，放到计算机博物馆里展出。未来，**博物馆内不会是静态的展示，而是动态的，还有互动的部分，也会不断放入一些新的东西，更新展品和装置**。计算机博物馆将是一个主要针对青少年的科普基地。

问：中国科协旗下有二百多个一级学会，其中CCF显得很与众不同。针对国内的科研体制、中美贸易战、微软黑屏、谷歌退出中国、IEEE限制华为员工审稿等事件，CCF率先发声，为中国计算机产业发展建言、呐喊。CCF的影响力在国内以及ACM、IEEE等国际舞台上发挥着越来越重要的作用。这背后，你的初衷是什么？CCF应该在中国计算机产业中处于什么位置？如何承担好学术团体的社会责任？

杜子德：中国科协旗下的二百多个学会，大部分希望变革，按照CCF的路往前蹚，但目前有困难，主要是因为大部分学会还实行挂靠制。2006年，就是因为中国科协的倡导，CCF才脱离了旧体制，走出一条新路来。希望中国科协像15年前那样鼓励学会脱钩，并给这些学会更多的支持。

作为一个社团，如果不独立，就没有自己的思想，也不可能构建学术共同体。现在国际形势已经变了，我们要加快学会的改革步伐，先内部变革，再走向国际，使之成为国际民间交流的主渠道。实际上，CCF就是按照一个学会应有的样子去做的，没有什么特别之处。**CCF的目标是拥有国际公认的社团体制、国际思维和国际影响力，和实力强的国际（国外）社团合作，站在国家发展的高度看社团发展，而不是沾沾自喜、故步自封。**我觉得一个人、一个组织、一个国家应该有这个志气，就是独立思考，把事情做得更好。推动学会的变革和发展需要依靠学会的精英。在CCF，有一批又一批的精英，他们在学会发挥着至关重要的作用。2004年，CCF的初期变革就是由时任CCF理事长李国杰院士推动的。他被选举为理事长后，我被聘任为秘书长，我们联手开始变革。如果没有李老师的高瞻远瞩和宏观把握，这些变革就无法完成。此后有郑纬民、高文理事长，现在是梅宏理事长，他们都在不断推动CCF的变革和发展。

CCF是以中国的计算机专业人士为服务对象的，但为什么要搞国际合作，走国际化的道路呢？**CCF进行国际合作的主要目的是向人家学习，学习人家的思维、架构、服务、平台搭建能力，同时互通资源，相互支持，扩大影响力。**它们到中国发展是否和CCF构成竞争？有一点儿。但是，我们错位竞争，各有各的群体和市场，不搞恶性竞争。即使有竞争，那也是好事，只有竞争才能使自己强大。CCF就是要和高手"过招"，如果总待在弱者的群体里，自己就会越来越弱。

中国的国情、文化、法律和美国、日本都是不一样的，所以CCF的做法也有其特点，比如CCF理事和理事长的选举方式就很有特色，很先进。YOCSEF和NOI（全国青少年信息学奥林匹克竞赛）也是CCF独有的。在奖励方面，CCF完全按照国际化的做法来评奖，拒绝自荐和交费，拒绝申请和说情，现在CCF的奖项已经有些影响力了。CCF还和ACM达成了一个协议，设立CCF-ACM人工智能奖，并成功地评出了第一届获奖者，这说明ACM对我们是非常认可的。

CCF和其他社团不同，它常常在一些重大问题上发表自己的观点，这是价值追求所致。作为一个有追求、有众多计算领域人员的组织，CCF应当代表这个行业来发声。比如，CCF认为，行政机构不应该做学术评价，因为政府作为公权的持有者，它的主要职能是执法和服务，而学术评价应该是学术机构的工作。

问：CCF计算机工程教育认证是CCF计算机认证系列中启动最早的一项。自2006年推出以来，该认证的影响力与日俱增，持续发展。然而，由于某种原因，2019年4月，CCF在官网发布公告称不再承担工程教育认证工作，退出中国工程教育专业认证协会。你能否介绍一下背后的原因？

杜子德：工程教育认证是一件非常好的事情，国际上已经做了几十年了，但中国一直没有开展。为了使中国的工程教育符合国际标准并得到国际承认，我国2006年启动该项工程，并在数年后加入了国际认证组织——华盛顿协议（Washington Accord，WA）。CCF在工程教育认证方面是国内最早也是做得最好的组织之一，国际认证专家对CCF的认证工作给予了充分的肯定。但逐渐地，工程教育专业认证协会在认证过程中加入了一些不符合国际认证标准和规则的内容。CCF认为，既然承诺了加入国际认证组织，就应该遵循其标准和规则，不能食言。在这种情况下，经过CCF常务理事会的同意，CCF退出了中国工程教育专业认证协会，这是不得已的一个决定，还是令人惋惜的。我想中国人要讲国际信誉，一定要遵守契约，答应好的就要办，严格执行。

后来，CCF致力于推动对个人能力方面的认证，也就是计算机软件能力（Certified Software Professional，CSP）认证。对于计算机技术人员，如果不会算法和编程，在计算、人工智能等领域就谈不上是行内人。所以CCF这几年一直在推进CSP认证，有越来越多的大学生参加。很多企业在招聘面试时认可CSP成绩，也有很多大学和研究机构在招收研究生时把CSP成绩作为参考。当然，CSP的成功和NOI多年积累的经验和影响力密切相关。为此，CCF同时推进面向中学生的NOI和面向大学生的CSP。

问：2021年2月28日是你在CCF工作的最后一天。离开了热爱的CCF，你现在有何感想？对新任秘书长有何期望？能否展望一下十年后的CCF，CCF应该如何更好地发展？

杜子德：我在学会工作了24年，深深地觉得秘书长不好当。**当秘书长首先需要很强的领导力和凝聚会员的能力**。什么是领导力？领导力就是让不拿工资的人来干活的能力。学会拥有众多专家学者，怎么让他们为CCF干活但不拿钱，这就要看秘书长的领导力。**其次需要的是运营能力。运营就是策划一个产品，将其打造出来并"卖"出去**，具体到学会，就是把一个虚拟的、看不见但能感知到的东西（比如会议或奖励）包装好并"卖"出去。学会的产品是各种活动，有的时候收获的是影响力，有的时候则还能有经济效益。有的学者羞于谈钱，我认为这是不真诚的表现。如果学者不拿工资，肯定是活不下去的。所以，运营学会一定要想如何开源，这样才能保证学会有服务能力。对于许多运营社团的领导层，筹钱是一件头疼的事，但对我而言，如果路数对头，则不是什么难事，关键是要有思路，有办法。

作为秘书长，确实大权在握，每年签出去几千万元，但能不能做得很"干净"，这确实是考验。我认为做人要纯粹，不能贪财。我的工资是由CCF常务理事会定的，这其实也是我的动议，后来又引入司库代表理事会来监管财务的制度，这样就把学会的财务搞得清清楚楚了。当我退休时，拍拍屁股就可以走人，因为一切都是清楚的，没有半点含糊。此外，当秘书长还不能想荣誉，不能想当"大官"，有机会把眼下的事做好就很开心、很知足了。

我在学会当秘书长近17年了，倒不是因为我干不动了，而是我觉得应该"换手"，我想离开后从侧面看看CCF这个"作品"到底怎么样，当然我也可以顺带搭把手。我认为，10年后，**第一，CCF的专业会员要超过10万，而且大部分是活跃的，如果这样，经营起来就有点意思了；第二，学术影响力在学术（学术引领和学术评价）、科学普及、公共政策（向政府谏言）以及国际合作方面都要上一个台阶。**

CCF杰出会员，*CCCF*动态栏目前编委。中国科学院计算技术研究所研究员。主要研究方向为机器学习和计算机体系结构。cyj@ict.ac.cn

陈云霁

CCF理事、*CCCF*译文编委、动态栏目前主编。爱奇艺公司资深科学家。主要研究方向为计算机视觉、大数据分析、区块链。wtao@qiyi.com

王　涛

关于学会的
本质和治理架构

　　学会秘书长是首席执行官，负有运营和管理学会的重任。但处于变革时期的CCF，秘书长的职责就不能只限于组织活动和管理财务，还要推动学会的全面变革，特别是构建符合国际规范的先进的治理架构。我在CCF的旧体制中工作了8年，深知那种不开放的制度和落后的治理架构对人的束缚和对学会发展的掣肘。因此，我从2004年4月担任秘书长伊始，就和时任理事长李国杰教授商定，先从学会的治理架构开始改革，同时发展个人会员和各项业务，即"上层建筑"和"经济基础"两手同时抓。应该说，我在CCF花力气最大的就是治理架构，所以本书中有许多篇幅在论述这方面的内容。

❖ 我心向往——一个科技社团改革的艰辛探索

共同体和学术共同体

"共同体"是一个外来词,英文是community,意思是在某些方面具有共同利益者组成的群体,如1952年创建的欧洲(六国)煤钢共同体(European Coal and Steel Community)就是一个通过把部分国家权力委托给一个超国家机构来开展国家间合作的利益共同体范例。除了利益(商业)共同体之外,还有艺术共同体、科学共同体等。当然也有像专做坏事的黑手党之类的"共同体",不过一般称之为"帮"(gang),而不是共同体。共同体有四个特征:成员自愿;共同体使得成员的利益比加入共同体之前更大;共同体各方必须遵守成员共同制定的契约;成员间相互平等。

实际上,学术共同体(academic community)也是利益共同体,不过这个"利益"不是经济利益,而是共同的学术追求,是科学家为了维护他们的学术信念、共同的价值理念或兴趣目标并遵循一定的行为规范而结成的群体,1911年创建的索尔维物理学会议(Solvay Conference on Physics)就是一个例子。从事科学研究的科学家需结成共同体，而不是单打独斗。

构成学术共同体须具备如下条件：①成员具有共同的科学信念和价值追求，他们希望通过科学发现使人们更了解我们所处的自然界和社会，并希望从科学原理衍生出技术，从而造福人类；②有特定的组织形式，如成员是个体还是组织（国家），是本区域还是跨地域或跨国，组织形式还规定该共同体决策机构和执行机构产生的程序及各自的权力边界；③有相应的规则，这些规则包括要向社会公开的该共同体的使命和达成使命的方式，核定成员进入的资质，成员的权利和义务等。一般而言，学术共同体不是区域性的（兴趣小组），而是跨地域甚至是跨国的，即使是在某区域内创建的组织，其辐射面也不限于该区域。

由于学术共同体能给成员的学术发展带来价值，而加入该共同体完全是成员的自愿行为且成员已具备了相当的资质，因此，该共同体就具有了天然的凝聚力，所有成员都心甘情愿为了自己的科学追求而为共同体做贡献。

一个学术共同体为了自身的学术纯洁、学术发展以及共同体的壮大，需通过具有某种形态的"产品"来实现。产品不但是向成员提供服务的载体，也是吸引更多人加入该共同体的有效方式。学术研讨会是学术共同体最常见的产品形式，出版和传播也是。

真正使得科学家愿意为科学探索而奋斗终生的动力，是他们对未知世界的好奇。因此，分享探究过程中所取得的成果，发现并解决未知的问题便成为科学家的使命。所谓学术共同体的影响力，就是能够向同行提供讨论或思辨的平台，并向学术界和全社会展示最前沿的问题，比如天文学界研究的关于黑洞和引力波的理论。

学术共同体是独立于其他机构的组织，它能够根据其使命和价值取向独立决策和运作，而不受任何个人和机构的干涉。为达成这一点，必须有法律的保障，有良好的内部治理架构和运行机制，并有经济能力开展相关活动。我们所熟知的英国皇家学会（The Royal Society）、（美国）电气与电子工程师协会（Institute of Electrical and Electronics Engineers，IEEE）和美国计算机学会（Association for Computing Machinery，ACM）都是学术共同体的范例。

学术共同体必须有一定数量的、符合资质的成员。成员当然也不是越多越好，主要是看品质，第一届索尔维会议也就30人左右参加，但成员都是全世界最有造诣的物理学家和化学家。科技社团作为科学共同体通常是以个人为其成员的。成员的品质往往决定其所在学术共同体的品质，而这种品质就是该学术共同体的对外影响力。英国皇家学会就是一个具有强大影响力的科学共同体，诚然，成为其会员也很难。

学术共同体应该也必须将本领域未解决的问题告诉同行甚至公众。正所谓站在学术前沿，引领学术方向。

学术共同体应该站出来对反人类的科学项目和研究者进行公开反对与谴责，如有人曾拿活人做生物实验，在实验室克隆人，就遭到了学术界和公众的一致谴责。

学术共同体应该设立奖项对有重大科学发现的科学家予以表彰，如诺贝尔奖、图灵奖、菲尔兹奖。对成员授予一定级别的荣誉也显得非常重要，如授予Fellow（院士）称号。当共同体成员或学者遭遇到不公正的待遇时，学术共同体也应该站出来予以保护，如CCF就在第一时间站出来反对IEEE通信学会限制华为员工审稿的行为。

学术共同体应该对造假、抄袭、剽窃等学术不端行为进行谴责，并将这些具有不端行为的人开除出共同体，剥夺他们的资格和机会。

学术共同体有责任和义务对政府的科技决策给出建议和咨询意见，特别是当政府做出错误的科技决策和不当的学术评价时，学术共同体的声音就显得更加重要。

学术共同体有义务、有责任、有能力持续地对青少年和公众进行科学普及[1]，以提高他们的科学素养。

就中国的学术团体而言，有国家级、省级、市级甚至县级，中国是按行政区域设立学术团体最多的国家，但真正有活力的社团却并不多见。浓厚的行政化色彩和社团体制问题是制约社团发展的主要障碍，挂靠制就是明证。

挂靠制、缺乏良好的治理架构、没有个人会员、不能开放式选举社团的领导机构（理事长、理事会及秘书长），是当前制约中国社团发展的主要因素。要改变这种现状，就必须先打破挂靠制，去行政化，让社团在社会上独立运行，让科学家治理社团。唯有如此，才能建立真正的学术共同体。

2006年，CCF在中国科协的推动下脱离了原挂靠单位，创建了符合国际社团规范的治理架构，活力大大释放，走上了自立自强的道路。经过十多年的发展，CCF已成为一个具有众多会员和强大影响力的学术组织，它在服务科技人员、推动国家科技创新以及构建国际学术交流通道方面进行了有益的探索，为国家做出了独特的贡献，也为其他社团的改革积累了可借鉴的成功经验。

构建有影响力的学术共同体是构建良好的学术生态、使我国成为科技强国的重要一环，而这一环恐怕是绕不过去的。

参考文献

[1] 杜子德，杜辛楠. 科学普及的难处[J]. 中国计算机学会通讯，2021，17(4)：45-47.

（2021年6月）

CCF治理结构的理论探索与实践

我们国家处于急速的变革之中,需要创建成具有创新能力及社会和谐稳定的国家。尽管作为非政府组织(NGO)的学术性社团既非公权持有机构(政府),也非产品生产机构(企业),但在整个社会中起着非常重要的作用,它必须在国家大变革中扮演独特角色,发挥应有作用。纵观一些世界发达国家,不但政府管理办事廉洁、决策高效、监督到位,企业具有很强的实力,而且NGO也非常发达,它起到了政府和企业起不到的作用。这些发达国家的事例说明,NGO的高度发展是构建和谐社会的必要条件。因此,我国社团,特别是科技类社团,只有本身进行整体性变革,才能适应科技工作者和社会发展对它的需要。

但是,目前中国不少科技类学会还不是十分明确自己的定位和使命,组织形态和治理架构也不能完全适应社会发展对社团的需要,因此,它(们)没有为其成员提供应有的服务,也没有发挥应有的社会发展促进作用,需要变革!尽管目前在机制、体制、法律、政策等方面的问题需要在国家宏观层面上加以解决,但就在现有的条件下，学会仍有很大的改革和发展空间，有条件进行一些探索，为国家法律的制定和政策的改善提供思路。CCF过去也在经济体制中生存，经历了多年的旧体制的运作，上面指出的问题也存在过。但从2004年4月新一届（第八届）理事会上任开始，中国计算机学会根据学会应有的使命并借鉴国外同类组织的经验，进行了大胆的探索和试验，进行了全方位的变革，积累了一些宝贵的经验，取得了良好的效果。

一、明确学会定位

在我国，有数万个NGO，仅带"中国"字头的就有三千多个，其中有学会，也有协会等其他性质和名称的组织。科技类社团（学会）不同于协会和其他NGO组织，它有其明确的内涵和组织形态。就其定位而言，它具有如下职能：

- 为其成员的职业发展提供帮助（学术交流、讲座、培训、成果发表等）；
- 建立本领域的学术共同体（代表本领域权威的观点，引领本领域的方向，推动学术道德建设），构建成员间的网络；
- 进行同行评价（论文、成果评审或鉴定）、认可（职业资格）与激励（奖励）；
- 传播科学和技术（科普），推动技术成果的应用（成果转移）；

- 承担社会责任（包括对政府决策的建议）。

由此，CCF常务理事会首先确立了新的办会方向，明确了两点：

（1）体现学会的基本属性，即以会员为本，把发展（个人）会员和服务会员作为学会最重要的核心工作。会员不但是学会服务的对象，而且是学会的所有者（股东），学会工作必须向会员负责，必须保证会员的利益，为会员服务，即章程中所说的"实现会员的共同意愿"。这样，过去讨论了多年而未决的问题很快得到了解决，这是学会的一项根本的变革。经过四年努力，学会的会员数超过了一万。

（2）发挥学会的学术影响力，体现学会在学术界存在的价值，在计算机科学技术领域应该有自己的声音和作为。学会通过其学术产品和影响力服务会员和社会。过去四年，学会在促进专业委员会发展、设立奖项、创建新的有影响力的学术会议、创建新的学术期刊等方面也明确了目标，并付诸实施，取得了很大的进展。

二、确立新的治理结构

学会如同其他组织一样，如没有良好的治理结构，就不可能明确责任，不可能有决策的程序化、民主化和权威性，也不可能有高效的决策和很强的执行力。第八届理事会明确了新的治理结构，即理事会（决策层）和执行层（秘书处）的不同定位和职责,划清了两层机构的边界。新的治理结构表明,理事会相当于企业的董事会,理事长是董事长,秘书长是总经理或CEO(首席执行官),实行理事会领导下的秘书长负责制,理事(常务理事)是会员选出的代表他们进行决策的代表,他们按照程序对学会的重大事项进行民主决策,各执行机构(工作委员会)在秘书长的统一领导和协调下工作,确保执行层的执行力。专业委员会在学术上具有一定的自治性,学会秘书长通过规则协调专业委员会的工作(比如评估等),专业委员会最终对理事会(常务理事会)负责。学会的治理结构如下图所示。

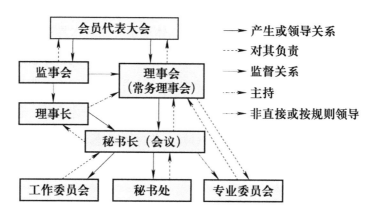

中国计算机学会的治理结构

说明:会员代表大会是由会员代表构成的学会的最高决策机构,它选举产生理事会和监事会。理事会负责学会的决策,监事会负责监督决策机构是否按程序决策。秘书长由理事会聘任,是执行机构的第一负责人,他负责领导各工作委员会和由专职人员组成的秘书处(办公室)。专业委员会是学会按专业组建的分支机构,专业活动相对独立。专业委员会由理事会领导,秘书长总体协调。

三、制度建设

新的办会理念要求学会在各个层面对社会、会员和理事开放,而开放必须以规则为保障。制度建设、自律和规范绝不是为了掩人耳目,而是组织自己内在发展的需要。从2004年第八届理事会上任以来,学会在建立民主办会的组织制度、健全民主决策制度和建立并完善民主监督制度方面进行了一系列实践。在"立法"层面,第八届理事会除了修订学会章程之外,先后制定了《理事会条例》(会员代表大会制定)、《会员条例》、《专业委员会条例》、《专业委员会评估办法》、《合作会刊条例》、《会议组织条例》、《王选奖评奖条例》、《海外杰出贡献奖条例》、《优秀博士论文评选条例》、《学术道德规范》、《会员代表产生办法》、《选举委员会条例》等十多部规章,是历届理事会中"立法"最多的一届。而2008年4月19日举行的第九届会员代表大会又制定了《理事会选举条例》和《监事会条例》,重新修订了《章程》《会员条例》和《理事会条例》。到目前为止,学会的规章体系基本建立(见章末附录)。

制定规章,使学会开展工作时有章可循。在迄今为止四年多的时间里，学会坚持按照这些制度行事，特别是在涉及理事（常务理事）会议，形成决议，制订人事、财务、经营、工作计划等方面，保证了充分的民主化和程序化。决议一经做出，学会所有人必须执行。以规则作为行为的依据，学会加强了执行力度。对"立法者"（理事）的约束体现在理事会条例中，明确理事的权力、责任和义务。长期以来，担任学会理事是一种荣誉，主要反映单位和个人在计算机界的地位，而理事有什么权力和责任，许多理事不很关心。在制定了理事会条例之后，明确了一条规则，即"如果理事（常务理事）连续两次不参加理事会（常务理事会），其资格自动丧失。"结果，理事会的到会率超过80%，常务理事会的到会率在85%以上，最高达到94%。理事超过规定的到会率确保了会议及所形成的决议的有效性。在执行规则方面，学会决不含糊，有三位常务理事因连续两次没有参加常务理事会而失去了常务理事的资格。此外，学会在扩大理事的知情权与决策权上做了很多努力，并在条例中予以明确，理事有发言权和表决权，学会的重大事情由秘书处及时向各位理事通报。为了让会员了解理事们为学会做了多少工作，学会要求各位理事填写"理事贡献表"，目的是增强理事的参与意识。新修订的《章程》规定，理事必须填写"理事贡献表"，向会员代表报告。

学会对秘书长这个"首席执行官"也有足够的约束，除了理事会外，日常由理事长对其进行约束，对于重大事项，秘书长必须请示理事长。此外，在财务方面更要约束。学会决定，从2006年起，学会实行财务预决算制度和司库制度，并对会员公开财务决算结果，接受查询和监督，在完善民主监督机制方面更进了一步。

四、开放、竞争与自律

长期以来，学会没有个人会员，许多专业人士不能通过合法渠道参加学会；专家也没有有效渠道参加理事会。于是，学会从2004年开始，实施了开放制度，主要体现在如下几个方面：

● 开放吸收会员。只要专业人士对学会有兴趣，承认章程，填写入会表格，缴纳会费就可以成为学会的会员。当然，如果要申请高级会员，就需要更严格的程序和资格确认。这从根本上改变了一个错误的观念，即会员表明其学术水平和地位。实际上，学会和会员是服务和被服务的关系。明确了这一点，其他的事情就好办了。

● 开放专业委员会。会员可申请参加任何专业委员会，专业委员会根据程序吸纳会员。任何一个专委的委员都可竞选专委的主任、副主任、秘书长职位，这些职位由专业委员会委员以无记名投票方式选举产生。

● 开放理事会、监事会。会员可申请参选理事长、副理事长、常务理事、理事、监事长、监事、秘书长等职，所有职位均由无记名投票方式选举产生（见下一节论述）。

● 开放参加学术活动。无论是会员还是非会员，均可参加学术活动，但会员和非会员所付费用不同。

学会的开放大大增强了会员的参与感，会员的热情和智慧得到了释放，大大提升了学会的活力。会员也通过参与学会的工作增强了成就感。

五、会员代表大会

学会的会员代表大会是学会的最高决策机构，其主要职能是：

● 制定和修订学会章程；

● 选举理事会和监事会；

● 制定会员条例、会费标准；

● 制定会员代表产生办法；

● 制定理事会条例、监事会条例；

● 审议理事会的工作和财务状况；

● 评价理事会（常务理事会）、理事长和秘书长的工作。

要把学会最重要的事项交由会员代表大会决策，确保理事会的工作对会员代表大会负责。

会员代表大会根据章程的规定按时召开。为保证学会的大事能够及时地由会员代表审议和表决，现实行会员代表常任制，任期四年。会员代表大会由理事会委托秘书处召集，会议程序由常务理事会提出，会员代表大会表决后执行。会员代表大会的执行主席由不参选理事会、监事会任何职位的会员担任，由会员代表大会表决通过后生效。

本学会章程规定，会员代表大会每四年召开一次，如因特殊情况需提前或延期换届（最长不超过一年），需由常务理事会提议，也可由三十名以上会员代表及理事联署动议，并在全体会员代表半数以上通过，报业务主管单位审查同意后生效。会员代表大会召开时，须有三分之二以上的会员代表出席，其决议需经到会代表半数以上表决通过方能生效。对于修改章程、延长理事会任期、决定本学会宗旨等重大议案，须有三分之二以上的会员代表同意方能通过并生效。

于2008年4月19—20日召开的第九次会员代表大会，就是完全按照上述规则做的。理事会选举时，到会会员代表达到100%（现场差额选举）。监事会选举时，参加投票选举的会员代表为87%（通讯差额选举）。

六、关于理事会和常务理事会

理事会和常务理事会是会员代表大会的执行机构，也是经会员代表大会授权按章程进行决策的机构。理事会有三大职能：制定规则、重要人士的任命、重大事项的决定。由于理事会规模较大，考虑到决策的成本和效率，更多的职能由常务理事会行使。

1. 理事会的产生

因为学会是充分开放的,所以凡是学会会员(学生会员除外)均有资格参加理事(常务理事、副理事长或理事长)和监事(监事长)的竞选,但要符合一定的条件:填写参选表;申请参选理事和监事者须得到10名以上会员代表的推选,申请参选常务理事、副理事长、理事长或秘书长者须得到15名以上会员代表的推选;如竞选者来自高校和科研院所,其所在单位的会员数不得低于40人;等等。

限制不可参选的条件为:在上届理事会中因违反学会规章而被除名的理事和常务理事;未通过本学会评估的专业委员会所推选的理事参选人;在学术上弄虚作假,违背本学会《学术道德规范》并被证明属实者;等等。

理事和监事(监事长)由会员代表直接选举,常务理事、副理事长、理事长和秘书长由理事选举,并将过渡到由会员代表直选。

2. 理事的义务和职责

理事必须参加每年一次的理事大会,常务理事必须参加每年两次的常务理事会。理事和常务理事具有决策权,决定学会章程中规定的重大事项。同时,所有理事应参与到学会的具体工作中,即应在执行层任职,做出自己的贡献。四年任期届满时,所有理事必须向会员代表报告工作,并由会员代表评价。

理事和常务理事须按照《理事会条例》中规定的程序决策并履行规定义务。条例规定：

（1）如果理事（常务理事）连续两次不出席理事会议，理事（常务理事）资格即终止，由监事会确认并公布。理事资格被终止后，其所担任的常务理事、副理事长或理事长职位自动终止；常务理事资格被终止后，其所担任的副理事长或理事长资格即终止。

（2）理事（常务理事）须密切联系所在单位会员，了解并反映会员和计算机工作者的需求和对学会工作的意见或建议。

（3）理事任期届满时，须填写"理事贡献表"，向会员代表大会报告。

在权力部分，理事（常务理事）可就学会的工作提出动议，如果理事长或秘书长不能履职，可以按程序将其罢免。

3. 关于理事会会议的召开

《理事会条例》规定：理事会（常务理事会）由理事长召集，理事会每年召开一次，常务理事会每年召开两次。《章程》规定，理事（常务理事）出席人数超过三分之二，理事会（常务理事会）方能召开，如没有达到规定人数，则不能做出任何决议。所做出的决议须经到会理事（常务）半数以上同意才能生效，有的事项则需要到会者的三分之二以上（如专委的成立）通过才能生效。

会议日期和议程由秘书处提前发给与会者。会前，理事（常务理事）可向理事会（常务理事会）提出动议。如有应出席会议总人数的五分之一的理事（常务理事）提出同一议题，则该议题必须被列入会议议程，这保证了会议的开放性。理事会（常务理事会）召开时，给予与会者发表意见的机会。应形成决议的议题，须经会议表决。一般议题可采用举手或通讯方式表决；凡涉及人事任免、分支机构设置等重要事项，须采用无记名投票方式表决。会议结束后，秘书处应在一周内形成会议纪要草稿，征求全体与会者的意见，无异议后定稿存档。

为保证理事会能够按照程序召开，监事会列席理事会以监督。

七、监事会的职能和定位

本学会早在2000年就设立了监事会，但当时监事会定位不清，制度也不健全，监事会形同虚设，没有发挥应有的作用，甚至在理事长不能履职时也没有出面组织更换理事长。于是2004—2008年一届理事会任期内未设立监事会。随着学会工作的制度化和规范化，学会监事会一事又提到了议事日程上。学会就监事会的定位、监督的范围进行了明确，特别强调了可操作性。

1. 监事资格

满足以下条件方能具有监事资格：

（1）监事须是中国计算机学会会员（学生会员不得担任

监事）；

（2）自愿担任监事，且不取报酬；

（3）公正、诚实，能够按程序办事，在学会有较高威望；

（4）身体健康，有能力和精力参与学会事务；

（5）未担任学会理事会及秘书处职务。

监事由会员代表选举产生。

2. 监事会的工作

（1）监事会应指派监事列席所有理事会、常务理事会及理事长会议，参加会议的监事应记录参会人员情况及参会人数是否达到规定人数、会议是否按照规定程序表决等；

（2）列席理事会的监事须填写监事表格，签字后存档；

（3）在场监事发现理事会议或常务理事会议违反学会有关规章和应遵守的程序时，由该监事向主持人提出纠正建议；

（4）监事会对于其确认的理事会不当作为，应根据学会的规章采取相应处理措施；

（5）监事会工作对会员代表大会负责，每年应向会员代表报告工作；

（6）监事长主持监事会工作，安排监事的监督活动。监事会决议须得到半数以上监事同意。

3. 监事会的"执法权"

监事会对于其确认的理事会不当行为可采取如下措施：

（1）向理事会（理事长）或有关人员提出纠正意见，并要求限期整改；

（2）当有理事违反《理事会条例》的有关规定时，由监事会根据条例的规定做出停权决议并宣布；对于其他情形，由监事会向理事会（常务理事会）或会员代表大会提出对有关人员或部门的处罚动议；

（3）当理事长届中不能履行职责时，监事会依据学会《理事会条例》启动更换理事长程序。

《监事会条例》还规定了被处罚者的申诉机制。

4. 监事必须遵守一定的准则

（1）若监事超过半年未履行职责，则其监事资格自动停止；

（2）监事必须履行保密职责；

（3）监事列席理事会会议时不参与理事会表决。

监事会已经按照条例的规定，制定了工作流程，在2008年6月14日召开的常务理事会上，已经付诸实践，效果良好。

八、理事长与秘书长的不同职责

《章程》规定，理事长是学会的法定代表人，负有领导理事会开展工作的职责，支持理事会（常务理事会）。理事长在理事会闭会期间，对重大问题，要根据学会《章程》和《理事会条例》中规定的权限做出决定，代表学会对外发言。

秘书长是执行机构的负责人，是学会的"首席执行官"。他不但要执行理事会的决议，落实年度工作计划，还要对学会发展提出计划或建议，以及提出"立法"建议，由理事会审议和表决。秘书长可在授权的范围内对外发表意见，负责日常运营、融资、对外开展合作等。凡遇重大事项，秘书长须请示理事长；如果该事项超越理事长职权范围，则应提交理事会表决。

九、执行机构和秘书处

执行机构为工作委员会和秘书处，它们负责执行理事会的决议，完成其分工的学会有关事务。

各执行机构（工作委员会）的负责人由秘书长提名，理事会确认，保证执行机构在秘书长的统一领导和协调下工作，确保执行层的执行力。工作委员会的任期为理事会任期的一半：每两年调整一次。决策机构和执行机构分离，实现扁平化管理，提高了决策和执行效率。

学会的专职人员由秘书长从社会公开聘任，其薪酬根据员工的能力和贡献而确定。所有员工均要和学会签订用工协议。

十、完善对专业委员会的管理

学术交流是学会的主要活动，专业委员会是学会开展学术交流的基础。按照民主办会的原则，专业委员会一定要是一个开放的学术团体，不能成为几个人的小圈子的沙龙，应在国内有代表性、权威性，吸引本专业大部分有影响的学者。两年来，学会加强了专业委员会的组织建设，制定了《专业委员会条例》《专业委员会评估办法》，学会组织工作委员会专门负责有关专委成立、换届等方面的工作，要求专业委员会的成立和换届一定按理事会通过的《专业委员会条例》进行，主任、副主任和秘书长必须通过无记名投票方式竞争产生，选举由组织工作委员会或秘书长委托的理事主持。绝大部分专委的成立和改选按条例进行，不符合程序的选举属于无效选举，学会总部不予承认。

2005年，学会进一步完善和修订了《专业委员会条例》和《专业委员会评估办法》。根据各专委在委员发展或更新、国际合作、制定年度计划并实施、学术会议开放程度、活动优惠会员、论文集出版、工作会议纪要、年度技术报告、网站更新、参加CCF总部活动等方面的表现，每年进行评估，条例中对各项目进行了明确的解释和分数界定，对不能发挥作用的专委进行撤并，实现对专委的动态管理，有进有出。2005年底进行了首次评估，分优秀、合格、不合格，对优秀专委给予表扬和物质奖励，要求不合格专委限期整改，同时撤销了两个长期没有活动的专委，这项工作今后每年都将进行下去。

十一、各机构之间的监督与制约关系

会员代表大会产生理事会和监事会,并授权监事会对决策机构理事会进行监督,确保理事会决策高效和按程序决策。监事会和理事会对会员代表大会负责,监事会向会员代表大会报告监督情况。理事会选聘秘书长,授权其运营学会,同时对其进行监督。理事会闭会期间,由理事长监督。为确保学会的财务按规定收支,并保证会员的知情权,理事会选聘一位司库具体负责对学会预算和决算的审核,以及对日常财务的监督。司库对理事会和会员代表大会负责。

执行机构由秘书长提名并由秘书长直接领导,执行机构直接对秘书长负责。秘书长有权向理事会提名或撤销某执行机构的负责人。

理事会和秘书处对专业委员会进行监督,会员也可以投诉。理事会对违反学会规章的个人或分支机构进行处罚。被处罚者有向监事会申诉的权力。

这样,保证了整个学会监督机制的完善。见第二节的治理结构图。

十二、学会脱离挂靠单位,独立运作

为学会能够独立运作,实现良性循环,学会从2007年起脱离了实行了近四十年的挂靠制,从业务、财务、人事方面实行了完全的独立,学会的活力也进一步得到增强。实践表明,没有了挂靠单位,学会的独立性更强,发展得更好。

十三、秘书处专职人员和日常事务管理

2004年新一届理事会上任以后,一直努力尝试将国外先进的学术社团经营理念引入学会的运作,用市场化、职业化的理念经营学会,学会新增的专职工作人员全部面向社会公开招聘,社会招聘的专职人员比例从20%提高到100%,实行合同制。学会制定了一系列内部管理制度,用制度规范工作人员的行为,对所有员工进行月度KPI(Key Performance Index)绩效考核和年度考核,双向选择,择优汰劣。学会还通过不定期培训员工和加强办事机构的基础建设等措施,努力建设一支职业化的专职队伍。

学会有一套财务管理规定,实行年度财务预决算,由司库把关。预决算由常务理事会批准后执行。学会有出纳和专职会计,二者分开。

学会有专门的印制管理规定,学会章、法人章以及财务章由财务人员以外的人员保管,并有严格的登记制度。学会印章必须由秘书长签字后才能使用,保证了印章不被滥用。学会对不同种类的证书均严格按照学会的有关规定进行发放。

学会针对专职人员有一套考核的办法,每月根据目标、实际成效对其评分,绩效工资根据其绩效给出。每个项目组负责人要

根据其管理的员工的表现和成效与员工约谈,找到需要改进的方面,并给予实际的帮助。

十四、存在的问题与未来的思路

尽管学会在治理结构的优化和决策方面取得了长足的进步,但还存在需要改进的地方。比如,理事会四年任期偏长,如果真正理事,则理事(理事长)的负担很重,任期需要缩短。另外,理事的出口还没有一套行之有效的方式,理事的流动性不够好,因此需要重新设计理事的进出,以使更多有热情、有能力的会员有机会到理事会参与决策。相应地,专业委员会的组织结构和任期等也需要随着理事会的变革而变革,这均是未来四年的任务。

两年来,学会在建立民主办会的组织制度、加强会员管理与服务、推进办事机构职业化建设、完善专业委员会的管理、推出优秀学术活动、提升学会学术影响力方面做了一些工作,取得了一些经验,但还处于刚刚起步的阶段。学会的会员还不够多,学术产品也有限,学会承担政府转移社会职能的工作才刚刚开始,需要进行更加细致和全面的工作。不过,方向已经明确,坚冰已经打破,道路已经开通,信心已经鼓足,我们相信我们所设立的目标一定能够达到,学术组织(NGO)的前景会非常美好。

附录:中国计算机学会规章

- 《章程》
- 《会员条例》
- 《理事会条例》
- 《监事会条例》
- 《会员代表产生办法》
- 《选举委员会条例》
- 《理事会选举条例》
- 《专业委员会条例》
- 《专业委员会评估办法》
- 《王选奖评奖条例》
- 《海外杰出贡献奖条例》
- 《优秀博士论文评选条例》
- 《合作会刊条例》
- 《会议组织条例》
- 《学术道德规范》

参考文献

[1] 中华人民共和国国务院. 社会团体登记管理条例[M]. 北京,1998-10-25.

[2] 中国科协. 中国科协团体会员管理办法(试行)[M]. 北京,2008-6-30.

[3] 中国计算机学会. 中国计算机学会规章汇编[M]. 北京,2008-5.

[4] 亨利·M. 罗伯特. 议事规则(Robert's Rules of Order) [M]. 北京:商务印书馆,2005-10.

[5] IEEE Computer Society. Constitution, Bylaws, Polices & Procedures[M]. 华盛顿,2007.

[6] 里贾纳·E. 郝兹琳杰,等. 非营利组织管理[M]. 北京:中国人民大学出版社,2000-6.

[7] 拉尔夫·G. 尼科尔斯. 有效沟通[M]. 北京:中国人民大学出版社,2001-6.

[8] 拉里·博西迪,等. 执行——如何完成任务的学问[M]. 北京:机械工业出版社,2003-6.

[9] 曹世潮. 文化战略[M]. 上海:上海文化出版社,2001-4.

(2008年9月)

关于社团发展的认识

编者按：2008年10月21日，中国科学技术协会在上海举办了"科技社团创新发展论坛"，主题是"体制与机制创新——科技社团持续发展的必然选择"，旨在探讨新时期科技类学术团体在建设创新型国家中的作用及发展途径，进一步促进学会的改革、创新与发展。中国计算机学会作为中国科学技术协会综合改革试点学会，在过去几年中进行了全方位的探索和实践，取得了长足的进步，已经具备了一个学术社团或NGO（非政府组织）的特征，得到了中国科学技术协会和民政部的充分肯定。为此，大会邀请中国计算机学会秘书长杜子德研究员作题为"学会的本质及其发展"的特邀报告。CCCF编辑部将其发言整理成文，分两次刊出（2009年第6、7期）。

一、学会属于非政府组织

社会有三种组织形态（见下页图），即政府、企业和非政府组织（Non-Government Organization，简称NGO）。政府是公权的持有者,其权力由公民按法律程序授予,它是公共服务产品的提供者。企业是生产和提供产品(包括服务)的实体组织,也是政府税收的重要来源和提供就业机会的主要渠道。非政府组织则是在特定领域由具有相同兴趣的成员自愿结成的社会组织,有自组织、非营利性和独立性的特点,学会、协会等均属于NGO。与NGO说法相近的是非营利组织(Non-Profit Organization,NPO),NGO 也是NPO,但NPO 一般指没有会员而单纯从事非营利社会公益活动的组织,比如基金会。

社会的三种组织形态关系

关于"非营利"的定义,国内一直存有误区,也有争议,这种误区大大妨碍了社团的发展。所谓非营利是指NGO 获取的利润不能用来分红,但该组织在经营过程中和公司没有什么区别。这在国际上已是非常成熟和被认同的基本概念,但在国内则很多人认为非营利就是不能与钱有关,不但不能收钱,而且更不能有盈余。这种不正确的认识制约着NGO 的发展,特别是当政府部门存在不正确理解时,所产生的副作用更大。

NGO作为社会的三种组织形态之一,与企业是不同的。NGO不能成为打着非营利旗号进行赚钱的企业,更不能打着非营利的旗号，依靠政府所持有的公权做类似公司赚钱的买卖。例如，国内的一些NGO承担了一部分政府公权的职能，靠高额会费和评奖费等收取会员的钱是非常错误的。

由于NGO的独特定位和职能，其不能由另外两种组织形态所替代。若没有NGO的高度发展，个人的职业发展和各种兴趣就无法通过自组织的形式来实现，一个社会就不可能达到真正的和谐、开放和民主，更谈不上现代和进步。纵观世界发达国家，其NGO无不充满活力、高度发展。NGO高度发展对社会进步能起到巨大的推动作用，也能完成另外两种组织形态不能完成的使命，2008年四川地震后，NGO所发挥的力量已被社会广泛认同。

NGO具有如下特点：①在特定领域由该领域的成员组成（会员制）并为本组织成员服务或谋取利益，为成员服务是该组织的第一使命；②有资产，但只能用于会员服务和本组织的发展，不能用于分红，其成员既是"股东"，又是服务对象；③具有非政府、非营利、中立、独立和无依附性的特点；④是自组织、自律、民主和开放的，一个健全的NGO应该是"良结构"的和能够"自修复"的；⑤有"产品"并且必须要经营，但产品是"软"性的，例如，学术社团经营的对象是专业人士（专家），经营的产品是学术。

学会属于非政府组织（NGO）的一种，具备NGO的所有特性。只有把握住NGO的本质，才能把学会工作做好！

二、学会不等同于协会或俱乐部

社会团体或者NGO是一个统称，具有不同的表现形式和定位，比如协会（行会、商会）、基金会、俱乐部等，相互之间均有区别。在中国，学会一般是对学术社团的称谓，而由企业组织的一般称为行会或协会。英文中的"Society""Association"和"Institution"往往不加区分，没有固定的对应关系，主要看该组织是做什么的，比如Association 通常翻译成"协会"，但对于ACM（Association for Computing Machinery）来说，它是一个典型的计算领域的学术组织，因此"Association"又可理解为"学会"，还有IEEE（电气与电子工程师学会）中"学会"的英文则是"Institutions"。

学会和协会及俱乐部是有区别的。

学会的使命是：为其成员的职业发展提供帮助；建立本领域的学术共同体，实现同行间的交流、分享和合作，进行学术评价、认可与激励，建立学术道德规范；传播科学思想和新技术，推动新技术的发展和应用；承担社会责任，比如向政府谏言，为社区服务，建立标准，伸张正义等。

协会（商会或行会）的使命则是：协调成员间利益关系，为成员提供服务（如分享商业情报）；向政府提出成员的诉求；从事社会公益事业。

学会的成员是个体，而协会的成员是公司或单位，不是个体。学会除了为其成员谋利益外，还强调其社会责任与对外界的影响力和公信力，比如学术评价就是学会的重要职能。

学会必须是开放的，具有完善的组织机制，且必须在政府注册。

当然，并不是所有社会组织都需要到政府注册登记，比如有些以满足个人兴趣为目标的小型组织（如俱乐部、街道活动小组等）一般就没有必要到政府登记注册。这类组织和学会有很大差别。俱乐部等小型组织仅强调成员的利益，没有承担社会责任的义务，不强调对外界的影响力和公信力，不要求开放，且绝对不可以经营，其服务费用由成员均摊。

三、学会发展要考虑的一些问题

要想办好学会，应该重点考虑以下几个方面：

（1）**学会的定位，即该社团承担的使命**。使命就是存在的价值，一个学会要明确从事哪些工作才能实现其价值。学会的使命首先是为其成员的职业发展提供服务和帮助，所以要有具体的、明确的、可实施的方案。此外，学会还需要有明确的愿景，即这个组织要朝哪个方向发展，要能让其成员清晰地预见或期望组织未来的发展状况。

（2）**良好的治理架构**。治理架构规定各个学会内部机构的权力或职责边界，确保学会能够高效地做出决策并拥有很强的执行力，这对学会的发展至关重要。学会的组织机构应包括决策机构、执行机构和监督机构三部分。学会的最高权力机构是会员

（代表）大会，权力来自会员，这属于"天赋人权"。上述三个机构均对这个组织的成员即会员负责。具体来说：①理事会是由会员（代表）大会授权的决策机构，相当于公司的董事会，理事长就是董事长；②秘书处是执行和运营机构，秘书长是学会的首席执行官（CEO）；③监督机构负责监督和制约权力机构（理事会），保证其按程序决策。

（3）"产品"设计和生产。 社团的"产品"主要是"软"产品，比如会议、出版物、培训、评价（评奖等）、标准制定、发展报告等。如何生产、包装和出售这些"产品"以及明确产品的客户在哪里等都是需要研究的问题。特别需要指出的是，学会和学术交流是"不等价"的，学术交流固然是学会的重要职能之一，但学会提供的服务远不只是学术交流，还有更多的其他形式的服务，比如本领域的发展报告、学术评价也是学会的重要"产品"。

（4）制度建设。 一般认为，社团是"松散"组织，没有必要有严格的规章，更不需要较真。这是极其错误的！正因为上述错误观念，许多学会办成了松散的俱乐部。在学会工作中，必须按照程序办事，建立相应的规则和制度，并以文字形式进行确立。同时，学会的"立法"过程应是开放的，"立法"也要遵循一定的程序，这样制定的规则才是合法有效的，才能被学会成员广泛认同，执行起来才会流畅。此外，还应保证规则是可执行和具有约束力的，特别是在规则中要规定"不"的情形，即惩戒条款。

（5）**学会的开放性**。如果学会不开放，就可能变成俱乐部。理事会和各级机构的产生必须是开放的，并且要引入竞争和竞选机制。一般来说，决策（如规则制定、人事任命、重大事项决定等）机构的成员由志愿者（会员）担任，这就要求学会将所有职位开放给会员，不能由少数人垄断。因此，任期制和限制任期是学会制度中的重要原则，即使有些人声望很高，也不能长期担任同一职位。

（6）**发展和服务会员**。发展会员是学会的基本属性，无须讨论，但长期以来，许多学会没有会员，也不想发展会员，这是计划经济的产物，也是"懒汉"思想的表现。会员既是学会的"股东"，也是学会的"客户"，要扩大学会的组织规模，就必须发展更多的会员，以扩大受益面，同时增强学会的影响力。

（7）**组织的影响力**。学会的影响力来自学会的"作为"和"话语"。学会的地位是因其"作为"受到业内人士或社会认同而获得的，而非别人的"行政"授予。学会的"话语"或"评价"是社团的学会属性，也是学会的重要产品。

（8）**NGO的经营和财务**。与NPO（非营利组织）一样，学会是无政府拨款的。学会要想生存，就要将自身当作一个"公司"来经营。"非营利"并非不营利——营利就是要盈余，要有足够的经费服务会员和"扩大再生产"。营利不是从会员那里获利，而是靠"卖"产品和服务获得经费，进而将其用于服务会员和发展学会。国际通行的规则是，非营利机构可以获得赞助或捐赠,并享受免税,但中国现在还不行。此外,因为学会是会员的,所以财务必须向会员公开。

四、办学会的误区

综上所述,要办好一个学会,首先,理事会需要很明晰学会的使命是什么;其次,需要确定学会的客户(会员)在何处;再次,需要清楚有什么产品可以"卖"给客户(即如何为会员服务);最后,需要了解什么样的人可以运作学会,即经营者在哪里。此外,还要考虑资金从哪里来,学会是否可以按照不分红的公司来经营,秘书长是否以此为职业等问题。这些都是办好学会应思考的内容。

现在已注册的全国社团有3000多个,中国科学技术协会下属的学会也约有191个,但在中国,真正意义上的社团并不多见。除了法律政策不健全、政府过多干预和监管不力以及其他社会因素外,社团自身的问题也是制约学会发展的关键因素。当前,人们对学会的认识还存在许多误区,比如有人认为"学会等同于学术交流+科学普及",有人担心"没有挂靠单位就活不下去",还有人抱怨"政府总不给我权力和经费""没人愿意交钱入会,会员无法发展",等等。其实,学会的作用不仅仅是学术交流和科学普及,还应能发出代表本领域和本组织的"话语",向社会、政府建言献策,提供培训、出版刊物、评价奖励等。学会只有提升自身的能力,提供优质的产品,才会吸引人自愿入会。至于"在学会任职高低等同于学术水平的高低""某某不当理事长或秘书长，学会就会垮掉""一个社团只能活着，不能死去！"等看法，反映出人们还没有摆脱旧的观念。这些都说明要想实现真正意义上的社团，在前进的道路上还存在很多"障碍"，我们需要通过艰苦卓绝的努力，才能探索出一条适合学会发展的道路来。

五、关于中国计算机学会

中国计算机学会（简称CCF）成立于1962年，当时是中国电子学会的电子计算机专业委员会，属二级学会。"文革"期间学会活动停止，1978年10月恢复活动。1985年被批准为全国一级学会，取名为中国计算机学会，现为中国科学技术协会成员。

2004年（第八届理事会成立）以前，CCF和其他学会一样，基本上运行于计划经济体制下。尽管CCF拥有数量不少的专业委员会和学术交流会议，并且在计算机学术界有一定的影响力，但CCF没有且不发展个人会员。所以，从运行体制、机制和开放性方面来看，总体上还是沿袭了旧的模式，这是由当时的社会环境所决定的。当时，有一个讨论了多年但并未解决的问题是：学会要不要发展个人会员？如果发展，学会能否直接发展？能否收费？能给会员提供什么样的服务？等等。这是学会发展中遇到的一系列根本性的问题，因为它涉及学会的属性，即学会是否由会员组成并归他们所有。这些问题无法回避，必须解决。

1. 学会的定位

要想办好学会，首先要明确学会的定位，这关系到学会的发展方向，也是学会发展的根本。根据社团（学会）的自然属性可以得知，会员是学会最基本的组成单元。会员不但是学会服务的对象，而且更是学会的所有者，没有会员，学会的基础将不存在。因此，学会的基本定位是以会员为本，为会员的职业发展提供帮助。此外，学会的使命还包括：构建本领域的学术共同体，分享学术思想和科技成果，进行学术评价和奖励；成员间分享学术思想和成果；承担社会责任等。

2. 学会的治理架构

学会属于NGO（非政府组织），虽然它的属性和构成方式与政府及企业存在本质区别，但既然是一个组织，就必须明确它的法律基础、权力来源和权力边界，需要有与本组织发展相适应的治理架构。尽管学会是NPO（非营利组织），但其必须按照商业模式来运作，否则本组织的业务难以开展。社团可以借鉴企业已有的治理架构来规划自己的机构。例如，我们可以把学会的会员（代表）大会看作"股东大会"，理事会看作"董事会"，理事长看作"董事长"，秘书长看作"首席执行官（CEO）"。纵观世界有影响力的社团（如IEEE、ACM），必然有一个清晰的治理架构。没有良好的治理架构，就不可能明确责任，也不可能有高效的决策和很强的执行力。

CCF第八届理事会明确了CCF的治理架构：理事会是会员（代表）大会授权的决策机构，秘书处（包括工作委员会）是执行机构，监事会是监督机构，这三者必须分离，责任明晰。CCF实行理事会领导下的秘书长负责制，秘书长对理事会负责。秘书长领导秘书处开展工作，各执行机构的负责人由秘书长提名，理事会确认，以保证各执行机构在秘书长统一领导和协调下工作，对其强调的是执行力。CCF工作委员会的任期为理事会任期（4年）的一半（2年），可以连任。需要说明的是，各专业委员会是CCF的分支机构，但其属性和工作委员会不同，它是在理事会领导下开展其所在领域的学术活动，宏观上由秘书处按学会规章进行协调管理。目前，CCF的组织机构包括会员代表大会、理事会（常务理事会）、监事会、各专业委员会、秘书处（各工作委员会及学会专职人员）等几部分。目前（2008年12月31日前数据）的组织机构任职及数量为：理事长1位，副理事长7位，秘书长1位、副秘书长3位，常务理事（含理事长、副理事长和秘书长）33位，理事（含常务理事）151位。监事会由会员代表选举产生，共5位。会员代表大会代表212人，11个工作委员会，31个专业委员会。各机构的关系图参见"CCF治理结构的理论探索与实践"一文。

3. 民主办会、开放竞争、制度建设

自律和规范是学会内在发展的需要，公信力是学会存在的基础，没有了公信力，学会的存在将失去意义。学会可通过制度来

规范和约束成员与学会组织内部的行为。2004年4月以来，CCF制定或修订规章16种，包括《学会章程》《会员条例》《理事会条例》《监事会条例》《会员代表产生办法》《选举委员会条例》《理事会选举条例》《专业委员会条例》《专业委员会评估办法》《王选奖评奖条例》《海外杰出贡献奖条例》《优秀博士论文评选条例》《合作会刊条例》《会议组织条例》《学术道德规范》《财务条例》。（现行的条例均可在CCF网站（www.ccf.org.cn）的"关于CCF"→"条例与规则"中查询与获得。）

CCF的这些规章制度起到了规范决策边界和办事程序、约束学会成员及组织内部的作用。例如《理事会条例》明确了理事的决策权力责任和参会义务，比如理事（常务理事）连续两次不参加会议，将失去资格。结果CCF的理事会到会率达到80%；常务理事到会率至少为85%，最多时达到100%，第八届理事会任期内有三位常务理事因违规失去了常务理事资格。

财务上，CCF通过预决算制度和司库监督实施对财务的监管和对"首席执行官"秘书长的约束，年度财务报告向会员公开，接受全体会员监督和质询；理事会换届时，实行理事、常务理事、正副理事长以及监事公开竞选；会员代表大会选举监事会，以监督理事会和理事长；秘书长也采用公开竞聘制。这些都充分体现出学会的民主、开放和按程序办事。

4. 优质"产品"和学术影响力

将"产品"一词用于学会工作，有些人感到不解，也不习惯。其实，任何一个组织，只要有服务内容就有产品，即使是政府，也有为公众服务的大众产品。"产品"是经营的重要理念，有了"产品"的概念，就可以把服务做得更好。为了更好地服务于会员，CCF设计了众多优质的"产品"，主要包括：

（1）编撰《中国计算机学会通讯》（月刊）。

（2）编撰《中国计算机科学技术年度发展报告》。

（3）创建王选奖、海外杰出贡献奖、优秀博士生论文奖。

（4）举办"中国计算机大会"（每年一次）。

（5）组织青年计算机科技论坛（YOCSEF），这是一个让青年专家发展的平台，北京地区每月至少活动一次，到2009年已有11年的历史，分论坛已遍布全国16个大城市。

（6）举办面向全国青少年的信息学奥林匹克（NOI）系列活动。NOI已有25年历史，该系列活动主要包括NOIP（全国青少年信息学奥林匹克联赛）、APIO（亚太地区信息学奥林匹克竞赛）、冬令营、国家队选拔赛及精英赛、教师系列培训等。此外，NOI每年还编辑出版年鉴。

（7）提供学会网站服务，每周一期电子版"CCF Weekly"推送给会员。

（8）各专业委员会每年举办年会和学术会议，为广大会员提供学术交流的平台，为会员参会提供各种优惠政策。

（9）拥有17种CCF会刊，包括《计算机学报》《计算机辅助设计与图形学学报》《计算机研究与发展》《软件学报》和《计算机科学技术学报》英文刊等在学术界很有影响的学术刊物,这些刊物均对会员提供版面费优惠。

CCF在"设计"和"制造"优质产品的同时,也提升了其学术影响力。此外,CCF还不断扩大自身在社会的影响力。例如,就"汉芯事件"发起了计算机领域的学术诚信倡议书,就"微软黑屏事件"公开发表声明反对,参与全国计算机工程教育认证,吕梁教育扶贫,在四川灾区设立奖教金等,这些均体现了学会及会员所承担的社会责任。

除了在学术界,CCF还积极向企业界扩展,例如成立企业与职业发展工作委员会,着手制定职业资格认证标准等,以期为在企业工作的计算机专业人士服务。

5. 会员的发展和服务

CCF实行会员制,入会没有门槛,凡承认学会章程、填写表格、缴纳会费的计算机从业人员,均可立刻成为CCF的会员。CCF新增了个人会员机制,改变了过去单一的团体会员制,计算领域的专业人士均可从学会得到服务,使学会变得更加开放。为了更好地向会员提供服务,CCF采取了以下几项措施:

- 制定会员条例,明确会员资格、义务和权力,明确服务内容,并将会员交费和学会服务作为最基本、最重要的内容;
- 设立会员部,设专人负责,成立高级会员资格审查委员会;

- 开发会员管理系统，通过网络为会员服务，例如，网上申请入会、缴纳会费、提供电子信息服务等；
- 设计和提供服务项目，例如，赠送自办刊物《中国计算机学会通讯》（月刊）、《计算机科学技术年度发展报告》（每年一本）、《信息快报》（双月刊），会员参加学会的会议费用优惠至少20%，每周发送《信息技术快报》（电子期刊），发布论文版面费优惠15%～20%，为会员提供其他服务（如赠送年历、便笺本等），等等；
- 与地方机构合作发展，在高校设立代理机构；
- 设立工作目标：在第八届期间，学会的会员人数每年以发展2500人的速度递增，现有会员超过1万人。

6. 专业委员会的管理

专业委员会（简称专委会）是由CCF设立的二级专业分支机构，是学会开展学术活动的重要力量。为规范专委会的组织和学术活动，鼓励其提高专业学术水平，拓展活动空间，CCF对专委会进行了一系列的改革并制定了相关条例。例如，实行专委会的开放和领导机构成员竞选，采用无记名差额选举制。即专委会的主任、副主任、秘书长由专委会全体委员会议以无记名投票方式选举产生，到会委员超过专委会委员数半数以上选举方为有效。选举顺序是主任、副主任、秘书长，有效得票数超过到会委员数半数者当选。此外，选举由组织工作委员会或秘书长委托的理事主持；不符合程序的选举属于无效，不予承认；对专委会实行年度评估制度,以促进专委会发展,并表彰和激励优秀专委会。

7. 秘书处的社会化和职业化

2006年年底,CCF结束了几十年的挂靠体制,在财务、人事和业务三方面完全独立运行,这是学会发展史上的一次革命性的变化,表明学会完全可以在市场经济条件下自我发展。目前,CCF秘书处的专职工作人员全部来源于社会,现有专职员工15人(2004年为5人)。CCF对在职员工每月都要进行KPI(Key Performance Index)绩效考核,并且每年组织年度考核,择优聘用;为了提升员工的业务水平,还定期举办培训讲座等。学会已经开始步入正常运作、快速发展的轨道。

尽管中国计算机学会在过去5年中取得了一些成绩,但其内部的凝聚力、对外的影响力还很有限,CCF同仁必须努力工作、团结协作、兢兢业业,把其办成一个能为会员提供良好服务、拥有众多会员、在计算领域具有影响力的学术社团。

(2009年6月)

学会的核心是认同

编者按：此为CCF秘书长杜子德在CCF第十届理事会第四次大会上的发言，现整理成文，部分内容在*CCCF*发表。

一、CCF的使命

一个组织和一个人一样，如果不了解其使命，就会失去方向。一个组织的使命（Mission）就是它存在的价值，也是它工作的方向和行为的判别式。作为CCF的成员，无论是学会理事，还是学会会员，必须非常清楚CCF的使命：

（1）**专业（Profession）**，即致力于计算机专业的不断发展并促进其在其他领域的广泛应用，改善人类生活。

（2）**专业人士（Professionals）**，即专业人士结成学术共同体，构建成员间的网络，在学会的平台上分享自己的思想和成果，借此提升成员的专业能力。上述两点密切关联，相互促进：在发展专业的同时提高专业人士的能力，而专业人士能力的提高自然会促进专业的发展。学会的成员要热爱自己所从事的计算机专业（包括相关专业），要为之而奋斗，要捍卫专业的纯洁性和科学性，和那些不尊重专业规律、亵渎专业的行为进行斗争。

（3）**社会责任**（Social Responsibilities），包括向政府谏言，就专业的重大问题向公众表态，传播专业的内涵和应用，帮助弱小群体。CCF的成员必须将CCF的使命烂熟于心。

二、学会认同是凝聚会员的基石

学会向会员提供服务是非常重要和天经地义的，但必须搞清楚，这是一种什么样的服务。从学会的属性而言，学会是由同一个专业领域的人士自愿结成的自组织科技团体，它是"去中心化"的，其核心内容是成员间的分享和启发。但是，如果把学会看成类似咨询服务公司，那就错了。现在有的商业公司的服务能力很强，比如脸谱（Facebook）和领英（LinkedIn）的社交服务，网易的网上公开课，谷歌、必应和百度的搜索，高德的地图等，但这些机构均不是社团。学会和这些商业机构的本质区别在于学会的成员认同学会的使命而自愿结成一个组织，会员加入学会不仅是为了获得服务，更是要和其他成员结成同盟讨论专业问题。我们在发展会员的时候，在告诉他学会有多少服务或活动的同时，还要告诉他学会的宗旨和价值追求，告诉他学会的文化、制度、活动形式，学会中有哪些代表性成员，做过哪些事等。一个会员愿意入会，一开始或许是因为学会的服务或活动对他有价值，但入会之后，就应该逐步从一个

"被服务者"变成一个"服务者",逐步加深对学会宗旨和价值追求的理解。一个会员对学会理解的深度和"服务"的强度,可以在一定程度上度量一个会员在学会中的级别。作为学会的一名优秀会员(如理事、监事、奖励委员会委员、专委委员、工委委员、分部执行委员、YOCSEF委员等),一般具有如下几个特质:①认同学会的宗旨和价值观;②积极参加活动;③推广学会并发展会员;④缴纳会费。

发展会员很不容易,经过十年的努力,我们的会员才2万多,和百万计的从业者相比显得太少。为了增加会员数,有人提出,是否可以免缴会费,这样可以发展数十万会员。学会理事会几次讨论,均否决了这种建议。理由不是学会借此可以增加许多收入(当然确实可以增加收入,但实际上,会费收入仅占学会总收入的约15%),而是会员的价值。缴纳会费的过程是一个会员思考的过程:这个学会值得我加入吗?对我有什么价值?这对学会也是考验。所以说,会费不能简单地被认为是服务费,更是认同费、资格费。显然,通过缴费而来的会员就有较高的价值。CCF会员发展数据表明,会员级别越高,流失率越低,在学会的活跃度和贡献度与会员级别成正比。这也说明了随着级别的提高,会员对学会的认同度会逐步提高,而那些只希望从学会"获得些什么"且认同度并不高的会员的流失率就相对较高。纵观国际上的同类组织,也要求会员一定要缴费。

发展会员,不应仅仅是总部会员发展部的工作,而应该是每个会员的义务,特别是理事、各分支机构骨干分子的义务。真正的会员都应具备上述四个特质或基因,都应成为推广学会的"大使",有些则要成为"牧师"。实践证明,由信念结成的共同体比利益共同体要坚固得多。在学会,信念就是专业。

三、把互联网思维引入学会发展中

目前,CCF的付费会员有24 000多人,在会员们的努力下,将来CCF的会员数必定会越来越多。那么,会员多了后该如何服务呢?不妨用互联网思维想想。在学会,与其谈学会对会员的服务,不如谈学会对于会员的价值,而对会员最有价值的是让会员有机会表现、参与学会工作,包括学会治理,让他在学会中以一个主人翁的姿态出现,而不是客户身份。要做到这样,学会就需要提供组织载体和适当的工作形式。

会员主要通过分支机构参与学会活动,每一个会员都应有机会在分支机构的活动中发挥作用。目前,CCF有数千名会员在百余个分支机构中工作,但学会提供的机会还比较少,容纳的会员数还不够多,即使会员进入了分支机构,发挥的作用也不显著或者没有机会发挥作用,这是制约学会发展的重要因素之一。分支机构中除了专业委员会之外,还有工作委员会、奖励委员会、会员活动中心、YOCSEF、编委、活动工作组、会议的组织机构、学生分会等,有的分支机构则是根据任务形成的临时项目组,这都是一种形式的分支机构。分支机构之于学会就像毛细血管之于身体。分支机构或者任务组是会员参与学会活动的主要载体和通道，应该越多越好。但是，诸多的分支机构如何管理？会不会导致发散或混乱？这种结果在客观上是存在的。要保证达到良好的效果，就要使得每个分支机构以及分支机构的分支机构都是良结构的、收敛的，这就需要一套严密的制度保证、良好的执行以及有效的评价。

分支机构的创立和消亡不应是固化和一成不变的，而应该是动态的，有的也可能是短期性质的，即随着任务的完成，这个分支机构（实质上是任务组）就解散了。不同的分支机构的负责人有不同的产生方式。有的分支机构需要学会"立法机构"常务理事会通过，如专业委员会，有的在学会执行层（秘书长）就可决定，如城市分部（会员活动中心）的设立，而有的则由分支机构自行决定，如专委的学组和项目组、分部的工作小组、YOCSEF的分论坛等。不同的分支机构，其负责人的产生方式也不同，如专委领导机构需要通过开放式选举产生，分部是任命或者选举制，而工委主任则是秘书长提名常务理事会审批后加以任命。

无论用何种方式产生分支机构，该分支机构的行为和产生过程必须规范，其行为和结果必须得到评价和反馈，否则就会混乱。需要指出的是，下一层分支机构的行为要由上一级机构负责。所以，上一级机构对其所属的分支机构有直接决定权，如CCF常务理事会有成立、重组或撤销专委的权力，YOCSEF学术委员会对分论坛的去留有决定权，等等。

良结构的分支机构的另一种表现是，成员的创意和智慧能在其所在的组织中得到充分体现，成员能够"编剧""策划""导演""演戏"，成员间有良好的互动。这个机构积极向上，汇聚成员的智慧，勇于创造和敢于尝试，活动形式丰富，对这个机构的每一个成员均有价值。

CCF分支机构还有很大的发展空间。常务理事会要下决心改变专委现状，宏观规划专委布局，敢于撤销或重组不合格的专委，形成多层次的专委格局（Task Force，Technical Committee，Technical Council），鼓励创建新的有生命力的专委。还要在会员多的城市创建更多的分部，并提升分部的活力。

只要我们明晰CCF的使命并加以大力传播，让更多的计算机专业人士认同CCF的宗旨，学会就可以有更多的会员和更大的影响力。与此同时，如果能动态地创建越来越多的适合让会员参与和贡献的平台及分支机构，会员的需求就可以得到更大的满足，而学会对会员的价值也会提升。

（2014年12月）

学会·会员·平台

中国计算机学会作为一个学术社团，它的本质是什么？是"3M"：会员构成（of the Membership）、会员治理（by the Membership）、为会员服务（for the Membership）。第一个M容易理解，是（个人）会员制，但第二个M和第三个M就没那么简单了，内涵较深，涉及如何治理（by）以及谁为谁服务（for）的问题。

学会不是咨询公司，它和会员的关系不是简单的服务提供者（server）和客户（client）的关系，而是会员服务会员的模式，即学会应该是一个平台。

什么是平台？ 平台是各种资源都能在其上"跑"（run）的媒介或物体，谷歌搜索、百度搜索、Windows操作系统、安卓、脸谱、苹果商店、淘宝、微博、微信等均是IT界创造的优秀平台。在现实生活中，出租柜台的商场、跳蚤市场也是平台。你会发现，在平台上"跑"的各方都是受益者，平台的提供者也是受益者，而且是最大的受益者。如果有的受益，有的不受益，那就不叫平台；有"台"而没有资源在上面"跑"，那也不是平台，比如中国移动公司前几年推出的飞信、北京市政府推出的打车软件都没有真正用起来，这就没有形成平台。

CCF是一个平台吗？ 从事学会工作的人常常把自己所在的学会或活动比作平台，但依据平台的属性考究一番，是不是平台就非常清楚了。如果学会不开放，没有会员，理事会是垄断的，也没有什么活动，这样的学会就一定不是一个平台，因为没有资源在它上面"跑"，是一个近似"僵尸"的组织。

CCF从2004年开始发展个人会员，目前有了许多会员可以参与的活动和项目，已经有了一点平台的味道了。比如中国计算机大会（CNCC），有策划者、主持者、演讲者、参会者、志愿者、展览者、赞助者、报道者、会场住宿提供者、会务服务提供者，等等。在CNCC上，除了常规的活动之外，还有许多机构"借窝下蛋"，在大会期间举办许多活动。所有参与者都受益，这就体现出CNCC的平台价值，也是CNCC的成功之处。**CCF YOCSEF（青年计算机科技论坛）**是CCF最好的平台，这是一个自发形成的基于活动的组织，在这个组织中，制定规则、选举、评价、监督、选题、主持、演讲、培训、推广、融资等均由其成员自主完成。16年来，在这个平台上"跑"出许许多多优秀的青年才俊（现在CCF的三名副理事长都"毕业"于YOCSEF）。目前这个平台还在向广度和深度发展：在更多的城市开设分论坛，有更多的活动和形式。CCF的其他许多活动也形成了平台,如评奖和ADL(学科前沿讲习班),大部分专委也是很好的平台。不过,有的活动和分支机构(比如会员活动中心)还没有形成平台。

互联网思维。"互联网思维"是时下流行的一个热词,不同的人对它有不同的解读。互联网思维不等同于互联网,它不是一种技术或载体,而是一种思维方式。其实,在有互联网之前,就有互联网思维和相关实践,只不过有了互联网技术后,人们可以更便捷地在更多的领域实施罢了。我对互联网思维的理解是:它很扁平化,每一个人(草根、平民)或者组织都可以是(自主和主动的)主人,都是服务者。我们熟知的"劳动人民当家做主",或者共和国(Republic)就是典型的互联网思维的案例。一个开放的民主国家或组织,它会创建一个很好的平台,为它的成员提供很好的流动性(mobility)环境,让每一个草根凭借个人奋斗、智慧和机遇获得成功。相反,在一个集权、垄断和封闭的组织或国家中,流动性很差,成员的自主性和智慧被压抑而得不到很好的发挥,这样的组织或国家是没有活力的,也是低效的。

会员治理的本质。前面提到的第二个M代表的"by the Membership",不仅是指由会员(或其代表)参与学会的治理和决策,更本质的是,每一个会员都可以在学会中提出创意、组织、执行、分享、传播、贡献、发展(新会员)等。这就要求这个组织不但要有制度支持,"允许"会员这样做,还要有机制使得会员"能够"这样做。一个组织的制度和机制好不好，主要看如下几点：①是否能够调动每一个会员的激情和智慧，让会员乐意奉献；②是否能汇聚（而不是发散）会员的智慧和资源并传播到其他会员和同行中；③是否有让会员对其他做出贡献的会员给予激励的机制和通道；④是否有手段（机制和通道）让一个会员很容易与其他会员建立物理和虚拟（网络）联系；⑤会员是否乐意推广这个组织并发展新会员；⑥当这个组织（领导者）出现问题时，会员是否能自发地对其进行修复。这些就是判断一个组织是否健康和有活力的主要指标。如对上述几个问题的回答为"是"，那么，这个组织就是生机勃勃、充满活力、不断发展的，反之就是没有活力和没有吸引力的。

会员的价值。CCF的重要职能就是使每一个会员能够在CCF这个共同体（community）和平台上施展才华和提供资源，会员在这个组织中所获得服务的多少，取决于他们为其他人提供服务的多少。目前，CCF有相应的制度让会员参与学会工作，但还缺乏有效的机制和激励措施，如有的分支机构的开放度不够，会员的智慧没有通过组织的平台传递到其他会员那里去。近期，CCF重组工作委员会，首先在理事中征招工委委员，但反应比较平淡，130余名理事中仅有16人报名参加。随后向高级会员以上级别的会员进行征招，响应者有300人。当然，有众多的会员已参与到各个分支机构和各个活动中，但整体比例不高。CCF总部未来要构建网络平台，让会员能够就感兴趣的专业问题进行讨论。专业委员会要激发每一个委员的创造力，汇聚他们的智慧，围绕专业发展做文章，而不是仅围绕"文章"做文章。二十余个分部更是大舞台，要看是分部主席自己拍脑袋拟定几个活动的题目，还是开放性地让会员提出创意，让他们唱主角，这就是对分部主席的考验。如果有互联网思维，即使没有互联网，也是可以调动会员积极性的。从去年的实践来看，分部主席似乎还不习惯于玩"群众运动"这一套，互联网思维还差一些，希望能尽快补上这一课。

现在不难理解CCF为什么会这样做：CCF的理事会和专业委员会要由会员（委员）公开选举，会员选举监事会对理事会和理事加以监督，CCF的活动组织和各级分支机构对会员开放，等等，其理由只有一个：CCF要成为会员的一个很好的平台。CCF同仁还须明白：

（1）学会不是一个天然的平台，而是需要你努力去做成的一个真正意义上的平台。做成平台不容易，不但需要组织的领导人具有开放式思维，还要具有智慧；不但需要制度，还需要机制。是不是形成了平台是非常容易判别的。

（2）一个学会的价值和活力表现在"会员服务会员"，即有多少数量和比例的会员在学会做事。一个好的学会必然是一个好的平台的构建者，而构建者也包括会员。CCF以及它的每一个分支机构和活动都可以成为平台，对会员的服务不仅看学会有多少资源提供给会员，更要看它构建了多少和多大平台让会员在上面"跑"。CCF的重要职能就是调动和整合会员资源并让会员分享。

（3）一个有价值的会员表现在他在CCF做了多少事，他的价值和他在CCF的贡献成正比。

（2014年3月）

学会为什么要有会员

每年的3月,是对CCF过去一年工作进行检验的日子,因为如果得不到会员的认可,会员就不会在3月31日前再续缴会费,从而意味着这部分会员将离开学会。对学会而言,这就是会员流失。如果会员数不见增长反见减少,那么感到难堪的不仅是会员部,更有秘书长、理事长乃至整个理事会。从下图可以看出,过去十多年中,CCF每年年底的会员数会冲到一个高点,但到次年3月底会回落,于是形成锯齿形的图形。值得庆幸的是,这个锯齿形的图形是螺旋上升的,CCF的会员数始终保持了良好的增长势头。

CCF个人会员发展趋势图(2004年12月—2017年3月)

那么，学会为什么那么在意会员？为什么那么在意会员缴费？会员不缴费不行吗？

关于学会为什么要有会员，本人在过去撰写的文章中多有阐述。作为一个以个人会员为基础的学术社团，会员自然是其存在的必要条件，并且有"3M"属性（of the Membership, by the Membership, for the Membership），即由会员构成，由会员治理，为会员服务。没有会员的学会，本质上不能称之为学会，或许只是一个咨询机构、会务组织公司、政府派出机构等。不过，无明确个人会员的学会当下在中国还不少，这是原来计划经济遗留下来的产物，而且居然也能生存下来甚至还活得不错，这完全"归功于"挂靠体制以及政府部门的背书。从CCF走上学会改革之路的那天起，就意味着CCF不是这样，也不能这样！

为什么会员必须缴费？早在1998年，ACM总部代表团到CCF访问，希望建立合作关系。CCF对ACM的访问非常重视，高层和对方进行了深入的会谈。当对方问CCF有多少会员时，我们答曰："6万！"对方惊讶不已且露出佩服的神情，因为当时在世界上还没有一个国家的计算机学会可以把会员发展到6万人。对方进一步问询这6万名会员的来历，我们的解释是：我国有30个省，每个省有2000人，二三得六不是很简单吗？对方发现我们的会员数是"编"的，大失所望，合作遂成泡影。2007年，本人带领CCF代表团到ACM总部访问，希望建立学会间的合作关系。对方得知我们的会员仅仅七千多后，我们除了得到对方礼节性的款待之外，别无收获。峰回路转，到了2010年，当CCF的个人会员达到一万多时，ACM主动登门，在杭州举行的中国计算机大会（CNCC 2010）开幕式上和CCF签署了合作备忘录。这一合作一直持续到现在。

这一段历史值得回味：为什么一个没有会员的学会被别人看不起？为什么会员多了别人就会主动登门？显然，这就是会员的力量，这就是会员数量的力量。付费会员的数量本质上是对学会服务能力、学会凝聚力、学会社会影响力的佐证。免费会员就是自欺欺人，所以CCF的会员都是付费会员。2017年3月23—24日在韩国首尔举行的国际社团管理峰会上，本人应邀作报告，当介绍到CCF的会员制度和会员数量时，与会者不禁赞叹CCF居然有近四万的会员。有人问"缴费率几何？"我说"百分之百！"听众竖起大拇指夸赞CCF了不起。可见真实的力量。

缴费对学会有什么好处？首先，可以获得部分运营服务费用，但仅靠会费是不能支撑学会的正常运转的。CCF每年整体运行和服务的费用是会费收入的三倍，可见大部分收入还要靠学会的运营和服务获得。其次，更重要的是，付费可以度量会员是否真的在乎学会、真的在乎会员资格。这既是对会员本人的考验，也是对学会的考验。如果会员走了，从学会的角度就要想想会员为什么走了？学会出了什么问题？哪里对不住会员？这些问号就是学会工作的动力和激情所在。

我们为什么那么看重会员？

第一，会员数量是学会影响力的一种表征，会员多则表明学会的影响力大，相应地其话语权也大。所以，一般问到一个学会的情况，先要问有多少会员。这也是为什么许多国外的社团都争先恐后到中国发展会员，因为都知道会员才是学会的生命线。

第二，会员是学会的服务对象，是产品的稳定客户，缴了年费的会员相当于缴纳了一年的服务费，也就是说学会有了稳定的客源，自然对销售"产品"有好处。

第三，会员是不拿工钱的志愿者。让志愿者给学会做事是学会的一大优势，会员越多，志愿者越多，而且不乏品质非常高的志愿者。

第四，学会是一个网络。会员是学会的终端，他们是流动的宣传员，可以到处讲述学会的故事，推广学会。会员越多，推广的效果就越好。

但是，希望更多的人入会仅是学会的一厢情愿，专业人士有选择入会和不入会的自由，因为入会要花钱，而且入会注册还要付出时间成本，所以要思量一番。从学会的角度而言，如果希望更多的人入会，就要了解潜在会员的诉求和入会动机。会员入会大致有如下几种情况：

（1）认同学会。正如本人多次阐述的，这样的人入会不是为了图名，也不是为了图利，更不是图官，而是对学会的文化、制度、架构、行为以及里面成员的高度认同，认同是入会的最高境界。一个有活力的学会是一个民主、法制、公平、开放、竞争的组织，CCF的治理架构体系的改革与创新也是会员入会的重要内在动力之一。CCF会员代表大会、会员积极参与竞选以及各分支机构公平竞争的制度与环境是吸引会员的重要因素。在学会，会员层级越高的人对学会越认同，也最不容易流失，这种层级的人是学会的核心和骨干，是学会的黏合剂，他们往往决定着学会的未来。

（2）获得/给予服务。通过参与学会的专业活动提高自身的专业能力是大多数专业人士的基本诉求，而能在学术共同体中贡献智慧并获得同行认可是会员更高层次的诉求和入会的动力。因此，上述两条往往是能否黏住会员的重要因素。根据CCF会员流失率数据分析发现，层级越低的会员流失率越高，如学生会员流失率高就因为其参与学术活动程度及认同度低。这种情况不仅CCF有，国外其他同类组织也有。

（3）构建人际网络。人都在自己的社交网络中生活。通过专业学术活动，学者可以介绍自己的工作，了解行业动态并结识同行，这也是学会搭建平台的意义。

（4）能力认可。对于专业团体，能力认可是非常重要的内容，专业人士都希望通过专业学会的能力认定标准获得认可，进而获得专业的发展和成就感。但是，由于之前大多数的评价和资源均由政府掌握，加上学会自身能力较弱，能力认可/认证基本上还是空白。能力认可是学会开展专业人士继续教育，扩大会员数的重要抓手，如英国计算机学会、香港工程师学会和澳大利亚计算机学会就有获得社会广泛认可的对专业人士的资质评定，如Certificates（资格证书）和Chartered（特许证书）。这些学会的会员都很多，如只有两千多万人口的澳大利亚，其计算机学会就有两万多付费的会员，香港工程师学会也有数万会员，比例比CCF高很多。CCF目前正在推广实施的软件能力认证（CSP）是一个前景很好的能力评价项目，已引起高校和企业的广泛关注，但整体而言，在对专业人士能力评价体系的建设方面还乏善可陈。这一方面，CCF还有很长的路要走。

尽管已知晓入会的动机，但发展会员还是一件非常具有挑战的事。当今社会信息渠道的多元化和索取的便利性使得学会已不再是索取专业信息的主要渠道。对学会认同度低以及学会服务能力弱使得不少专业人士感觉学会和他们关系不大，因而游离于学会之外。在中国，与计算机相关的学会（包括地方机构）不少于一百个，现在国外的社团也想到中国"分一杯羹"，大家都在"抢客户"，使得竞争和分化加剧。

面对竞争的加剧，CCF必须有独特的、高品质的产品奉献给业界，如CCF的ADL（学科前沿讲习班）、平台式大会CNCC（中国计算机大会）、*CCCF*（《中国计算机学会通讯》）等，都是服务会员的优质产品。学会必须对专业领域的问题不断发出专业的声音，提高其在业界和社会上的知名度并被认可。此外，学会必须在专业评价和认定方面有所作为，这不仅是学会发展的自身需要，也是社会发展的需要。可以预见，未来会员发展的程度除了要看学会的服务能力之外，更要看学会在专业人士能力评价方面的权威性和影响力。因此，学会必须在这方面发力。

那么，学会的会员数是不是越多越好？学会的影响力是否和会员数成正比？其实不然！现在有些业务主管部门声称要看学会会员的覆盖率，中国IT从业者以百万计，即使只占十分之一，CCF会员也应该有几十万，这不切合实际。IEEE（美国电气与电子工程师协会）下辖二十多个学会，全球会员总数也就四十几万，世界各国的计算机学会，也没有一个的会员数是超过十万的。不过，就中国这样的体量，CCF保持十万专业会员是可能的，也是必要的。我们一步一个脚印地走过了十多年改革之路，放眼未来，我们对达成这一目标充满信心。

希望以后每年的3月不仅仅是回顾过去一年服务的月份，更是庆祝会员增长和学会服务得到认可的季节。

会员万岁！

（2017年4月）

会员代表大会的历史性贡献

2011年11月25—26日召开的中国计算机学会（CCF）第十届会员代表大会是学会发展史上一次历史性会议，它把学会八年来的改革推向了一个更高的阶段，为未来几年的发展奠定了良好的法律基础和制度基础。

一、强化了会员代表大会的权力

会员代表大会是学会最高决策机构，它的权威和权力必须体现在学会重要规章的制定及学会重要领导人的选举上。

直接选举学会领导人。本次选举是由会员代表直接选举理事长、副理事长、理事、监事长及监事，而非过去的由理事选举理事长及副理事长。从理论上说，学会理事长是学会的最高领导人，是会长（president），而不仅是理事会主席（chairman of the board），自然应该由会员代表大会直接选举。而监事会是代表会员监督决策机构的，自然也应由会员代表大会直选。

上述参选人不仅要在现场发表拟任职的想法,而且要回答会员代表的各种质询和提问,以保证会员代表对参选人的充分了解,投票时"有根有据"。实践证明,本次会员代表选举出的学会领导人都非常优秀。

对理事会工作的评价。会员代表选举出学会领导人及理事会、监事会还不算完,这些参与学会治理的机构或个人还要接受会员代表的评价,本次评价是以打分的方式进行的。

分析评分结果发现,四个被评价的机构或个人平均分均未达到优秀(9~10分为优秀,实际得分为:理事会8.23分;常务理事会8.10分;理事长8.82分;秘书长8.28分)。似乎让人感到不好理解的是,常务理事会承担的责任和做出的贡献要远远大于理事会,但得分却比理事会低。这也许说明一个问题:如果你在第一线做事,就可能会使有些人感到不快。同时,既然你在位,具有更大的责任和权力,别人就有理由对你有更高的要求。所以,这种评分也较真实地反映了现实的状况。

参与学会规章的修订。会员代表要审议和表决学会章程等五部最重要的规章,这些均是学会的"大法",理事会是无权制定这些规章的。学会实行开放性立法,关于规章修改的所有细节均告知会员,让会员参与讨论和修订。学会收到会员的反馈意见后,专门召开理事长扩大会议和选举委员会会议,专门讨论会员建议。形成最终版本后,又全部交给会员审阅。在这次代表大会上,这五部规章均以高票获得通过。

二、治理结构的变化

本次会员代表大会也对学会的治理结构进行了重大调整,这主要是通过修订章程实现的。

理事长任期缩短,不得连任。这表明学会的改革已经过了拐点,到了较平稳的发展期。缩短理事长任期不但可以使理事长在任职期间可以投入更多精力,也可以使更多人在学会领导岗位上参与治理(注:ACM President任期为两年,IEEE CS President任期为一年)。在学会,应将在理事会任职及参与治理和对其的学术评价分离。

缩小了副理事长规模。本次设立3名执行副理事长,副理事长从7人减少到3人。副理事长不再是荣誉头衔,而是做事的岗位,这将提高议事效率。

设立常务理事会执行委员会。现有33人的常务理事规模偏大,会影响决策效率(根据罗伯特的《议事规则》,最佳规模是20人以下),但在目前情况下还不便压缩常务理事会规模。执行委员会(非决策机构)会对学会的有关事项进行深入讨论和研究,将高质量的议案提交常务理事会审议和表决,这无疑会提高常务理事会的决策效率和质量。

明确了对秘书长的聘任。秘书长是理事会聘用(或"雇用")来担任学会的"首席执行官"的,他是理事会的执行者。

关于学会的本质和治理架构

从"选举"到"聘任"的二字之差体现了对秘书长角色的明确。相应地,当秘书长不能胜任时,也可以解聘。

监事会和理事会平行。确保监事会独立监督的权力。监事会不是理事会下辖的机构,而是能够监督理事会的独立机构,只有会员代表大会才能确定和罢免监事会。现已建立了决策、执行、监督机构相互联系又相互制约的完善的治理结构。

参与治理和荣誉职务的分离。本次设立了若干荣誉职务。对于对学会发展做出卓越贡献的前任理事长,可授予名誉职务。这个门槛很高,必须至少50名理事联名动议,四分之三会员代表通过方能生效。名誉副理事长、名誉理事及海外理事职位的设立,也是对有过贡献、有影响力和有资源的资深人士的一种认可,他们可以在理事会之外为学会做出贡献。

理事(常务理事)届中增补。如果理事会职位有缺额,可每年增补一次。这增大了灵活性,也可调动学会会员参与学会治理的积极性。

对理事所需要的会员数作为刚性要求必须维持。理事是代表会员的,对有些界别有刚性的会员基础要求,且这个要求必须保持,否则要失去理事资格。这两个界别是UI界(高校和研究所)和E界(企业),防止当选理事后,会员就流失。

可设立专业组(task force)。这增加了灵活性,也为建立高质量、有生命力的专业委员会奠定基础。

三、会员的多元化

增加团体会员。这将为学会的发展拓展更大的空间,扩大服务范围,特别是企业,这将是学会未来要关注的重要对象。而围绕企业需求,学会有很多工作可以做。

增加杰出会员。在高级会员和会士之间增加"杰出会员"类别,有助于对会员的学术水平进行细分和认可。同时明确,从入会到高级会员,必须至少具有两年的会龄。

提高会费。提高会费是一件非常有挑战性的工作,因为必须有充分的理由让会员信服。鉴于现在学会的学术资源有限,与有影响力的国际组织合作是一条很好的拓展空间的途径。会费提高60元,但学会要为购买ACM服务为每个会员支付100元,这表明学会要"贴"40元。但学会并无分文的国家财政支持,这就要求学会必须通过经营创收,以给会员提供更多的服务。85%以上的会员代表投票支持提高会费,这是一个非常正确的决定,也表明学会代表愿意学会继续拓展。学会还规定:会员连续交纳20年会费或年龄超过65岁并于此前有两年或两年以上会龄时,只需每年登记,可不交纳会费。这体现了学会的人性化。

综上所述,学会会员代表大会在许多重大问题上均有改革,相信这些改革措施对学会未来的发展会有诸多的好处。

(2011年12月)

关于学会的本质和治理架构 ❖

开放式选举是会员治理的重要体现

CCF换届选举工作已经拉开帷幕，除了学会开展的常规活动之外，这是学会今年一项非常重要的工作。

每隔四年，学会就要如此"兴师动众"一番，要发动每一个会员参与。是否可以像过去（2004年以前）一样，把事情弄得简单一点，让少部分人（理事会成员）操作和决定即可？答案是否定的！让几个人来决定学会未来的领导人、决策机构和监督机构固然简单，成本也低，但这样做的方式却和学会的本质背道而驰。实践也已证明，用那种方式产生的理事会并没有活力。学会的属性之一是"会员治理（by the Membership）"，必须把参与治理的机会给会员，把选择权给会员。是否真正实行"会员治理"是区别真学会和假学会的试金石之一。如果是假的，那么，学会就蜕变成一个咨询服务机构，或者是其他机构的附属机构。想真正做到会员治理，要有会员才有可能，现在CCF有两万多缴费会员，这是非常重要的基础。而在2004年前，我们没有个人会员，自然也做不到会员治理。

除了选举出新一届理事会、监事会外，会员代表大会还有一个重要职能就是审视现有制度架构有无需要调整的地方。如果需要调整，就要修订学会章程和相关重要规章。所谓重要规章，就是不属于理事会所管理的分支机构和相关事务的那些规章，特别是和理事会相关的规章。这些重要规章不能由理事会决定，而应由高于它的决策机构——会员代表大会决定。由于学会在发展，事物在变化，学会的规章应该也必须根据学会的发展而及时更新和修订，否则工作起来无法可依，影响学会的发展。

学会选举采取现场选举的方式。为什么要产生会员代表而不是由全体会员网络选举？互联网投票成本固然很低，但和现场选举相比，网络的互动性较差，选举人见不到被选举人，不能实地感受到被选举人参与学会治理的激情和想法，选举人之间也没有互动。此外，当计票出现差错时，网络投票不能回溯。会员代表大会还可以形成一个代表会员的层级，本身就有价值。现在的一个问题是：会员代表的常设制能否在换届结束之后还让会员代表保持互动和活力？如每年会员代表均可以聚会，共商学会发展大计。如果能通过会员代表及时反映会员的心声和需求，那将是一件非常好的事。这是需要进一步思考的问题。

会员来自各个行当，如科研院所、高校、企业、分支机构、地方学会、政府、媒体、中学等，在学会的决策机构中需要听到来自不同界别的声音，以便能更全面了解会员的诉求，让决策更完善，服务更周到。因此，理事会构成应该是多元的、丰富的，理事会选举不是"一锅烩"，而是按类别选举，每个符合条件的会员均可到适合自己的类别中参选。本次拟增加"自由竞争"类别，以便使得那些不好归类或在所属的类别中感觉太过"拥挤"的有竞争力的人士有更多的参选机会。

选举原则是差额的。如果候选人等于或少于应选人数，则选举人（会员代表）就没有足够的选择空间。为此，选举制度的设计要保证选举人的选择权，这就要求选举是差额的，而不是等额的。但对于有些类别，看上去是"等额"选举，但实质上也是差额选举。这是因为在基层推选候选人的时候是差额选举并具有竞争性的（如专业委员会），只是在最后会员代表大会选举时，会员代表尊重各个分支机构成员的选择，确认或不确认即可。在选举常务理事时，类别就不那么"细"了，只分为学术界、企业界和无限定三个类别，每一个参选人均可以找到自己所属的类别。

为了保证关键的职位实行差额选举，CCF特别设立了提名委员会，负责提名理事长、副理事长及监事长候选人，不但要保证这些职位是差额的，还要保证参选这些职位的候选人是优秀的。提名委员会由非常资深的、在学会发展过程中发挥了重要作用的人士构成，他们将不在下届理事会中任职。常务理事会已经批准了提名委员会成员名单。

❖ 我心向往——一个科技社团改革的艰辛探索

经过这一系列的选举设计，相信会员的参与度会更高，参与感会更好，而通过此种方式选举出来的领导人和理事会，不会辜负会员对他们的信任，会把学会工作搞得越来越好。

（2015年7月）

2011年11月25日杜子德再次获聘CCF秘书长，
郑纬民理事长向他颁发证书

从开放式选举看学会民主治理的进步

2015年是CCF在换届选举方面具有里程碑意义的一年,这一年CCF理事会、监事会和分支机构全面实行了开放式差额选举,在民主治理方面达到了一个新的高度,体现了学会"by the Membership(会员治理)"的属性。选举的过程和结果也证明了这套选举机制的确不错。

本次选举在以下几方面实行了新的规则。

(1)理事会选举设立了不参与竞选理事会任何职务的提名委员会,以便把学会中有激情、专业能力强和有治理能力的会员提名为理事长、副理事长候选人,而提名委员会成员的崇高威望让他们在提名过程中的建议容易被提名者接受。实际的结果是,理事长、副理事长的候选人不但非常优秀而且有充分的差额度(理事长是三选一),给会员代表选举提供了更多的选择余地,自然,选举的结果也非常好。

(2)会员代表从基层民主选举中产生。会员代表是选举人,他们必须能够代表会员。由于CCF有真正的个人会员,故容易产生代表他们表决和投票的代表。

（3）为了能够极大地激发会员参与学会治理的积极性，理事会类别中特别设计了F类（自由竞选类）。结果，那些平时"名不见经传"的"草根"会员参加竞选并获得了成功。尽管他们现在在学术上还显得稚嫩，但他们表现出的活力是巨大的，而学会就需要这样有活力的会员参与治理。

（4）理事会选举采取现场计票并实时显示过程，彰显选举的透明度。

（5）专业委员会主任任期只有四年，不得连任，这就给更多的会员（委员）提供了参与专委治理的机会，能更好地调动委员参与专委工作的热情。事实上，如果一个专委主任对工作非常投入，四年的时间已经很长了；如果投入不够，那么再长的任期也没有意义。有人认为如果某人不担任主任，这个专委就会"垮掉"，那就说明这个专业共同体太弱，以至于很难挑选出第二个可以担任主任的人来。那么，或许这个专委需要重组或者解散。实际上，学会并不要求也没有必要要求担任主任者在学术方面是最顶尖的，他只要在同行中有学术威望、有领导力并有激情投入学会工作即可担任主任职位。

（6）专委秘书长必须公选，打破了原来在挂靠单位（CCF早已取消了专委挂靠制）及主任的小圈子里循环的怪圈。原来实行的主任提名秘书长制使得秘书长被看成了主任事实上的秘书，严重弱化了秘书长所应该承担的职责，也大大缩小了专委委员选择秘书长的范围，从而制约了专委的发展。

（7）专委选举设立选举小组和提名小组。改总部主持选举为专委自己主持选举，而总部只是派代表到现场观摩和监督，这是为了使专委选举能在一定程度上实现良结构和"自组织"，同时也学习：什么是程序和民主。

从选举的结果看，当选者感到有很强的荣誉感，而"落选者"并不失落。会员也对选举过程和结果普遍感到满意甚至兴奋，特别是有人以一票之差落选时，会员代表们在惊诧之外，增强了对程序的认知。现在，CCF先进而独特的民主选举文化正在形成。

当然，我们应该看到，在选举过程中还存在需要改进之处。当一位副理事长候选人以一票之差落选时，有会员代表感到同情和遗憾，于是联名动议希望增加副理事长人数，这种临时更改规则的想法就显得对程序不够尊重，程序意识薄弱，试图以情感代替规则。实际上，即使需要修改选举规则，那也是四年以后的事了，学会最高权力机构现场"修法"是"不合法"的。有的专委选举时，候选人勇气不足，他们站在舞台上进行竞选演说时显得有点勉强，甚至为竞争同一职位的人助选。有人认为，和一个学术地位更高的人竞争就是对对手的不敬，于是出现"陪榜"的现象。有的专委开放度不够，也有现任专委负责人"做局"的现象，就是假差额，而提名小组没有起到应有的作用。这些都是需要在未来纠正的。

　　选举出能代表会员心声的学会负责人、理事会及分支机构负责人是第一步,这些当选者能不能履行自己的承诺把学会的工作推向一个新的高度,需要接受考验和会员的监督。在设计这个制度的过程中,大家普遍有一个共识,就是希望通过这种民主选举制度,把选择权和评价权交给"选民",不但要使公选出来的理事会具有很强的战斗力,也要让每个分支机构都能够有激情、能"自组织"和能"自修复"。通过这个过程,极大地调动会员对学会价值观、制度和文化的认同,让他们更加热情地投入到学会中,毕竟,学会是他们的,我们应该而且也必须这样做。

（2016年1月8日）

关于学会的本质和治理架构 ❖

选举和参选是会员"法定"的权利

CCF四年一度的选举就要开始了,选举委员会及提名委员会业已产生,学会还表决通过了新修订的关于选举的若干规章,为选举奠定了法律基础。需要特别指出的是,CCF的理事长、副理事长和监事长由会员代表直接差额选举产生,而不是在理事会内部产生。

CCF的选举和国内其他机构不同,它摈弃了由部分人内部"酝酿"及等额选举的方式,而采用公开竞争和差额选举的方式。就学会的本质而言,要体现"会员治理(by the Membership)"的基本属性,即会员有权参与学会治理,也有权选择其代理人。不幸的是,在15年前的CCF治理中及当下一些社团中,会员这种天然的权利被部分人无情地"代表"了。CCF从2008年开始的三届理事会差额选举的实践证明,开放式竞争选举效果很好,完全可以打消一些人担心开放式选举会导致混乱的顾虑。必须注意选举过程的两个关键环节:一是候选人如何产生,二是选举是否差额。开放式选举能够保证选举对会员开放而且过程公开,避免暗箱操作,而部分人内部"酝酿"候选人和等额选举就剥夺了会员的这种权利，使得民主选举形同虚设，我们有理由怀疑设计和操作这种制度的人的虚伪和自私。为了使得学会主要负责人能力出众，CCF还设立了提名委员会制度，以保证候选人的差额数量和"品质"。

国际通行的规则是，想当"头儿"就必须跳出来竞选，不能惧怕落选，而CCF奉行的就是这一套规则，开放式选举已经成为CCF的一种文化。

本次选举设定的理事人数为158人，总体偏多。据考察，国外组织的理事会人数在20人左右，也没有什么常务理事会。为什么在中国有这么多人热衷于担任理事？究其原因，是有人把是否担任理事和其学术成就及学术地位高低相联系，似乎担任了理事学术水平就高，反之则低。理事会本来是代表会员治理学会的一个机构，担任理事并不一定代表学术水平高。功利化是学会发展的大敌，没有对学术的崇敬，没有对学术共同体的高度认同，让这种追求功利的人进入理事会并不会给学会带来正能量，会员也不应该把这种人选入理事会。

也正是由于功利的驱动，有人担任理事后并不愿意尽理事应尽的义务，甚至不参加理事会，于是CCF在《理事会条例》中规定连续两次不参加理事会即失去理事资格。这种规定看上去有点不近人情，但不这样规定，开会就达不到规定人数，这在2000—2004年CCF第七届理事会任期中就屡次发生。希望某一天CCF能去掉这个规定，但大家依然积极参加理事会。

选举相对容易,关键还是看理事当选后的履职情况。理事要能够保持和(所在社区)会员的密切联系,反映会员的诉求和心声。另一方面,会员并不容易了解理事的表现,有人提议向会员现场直播(常务)理事会会议以观察理事们的表现,用区块链技术记录理事的贡献,这都是很好的建议。

选举前如何更多地披露参选人的信息,让选举人充分了解参选人对学会的认识、领导力及资源,是选举过程中要特别考虑的问题。会议代表不仅要看参选人说了什么,还要看他曾经做了什么,未来还能做些什么。会员(代表)能不能选出代表他们利益的理事,就要看他们的眼力了。

(2019年7月)

2011年11月25日参加第十次会员代表大会的会员进行举手表决

❖ 我心向往——一个科技社团改革的艰辛探索

民主制度的重要性在于说"NO！"

当下的中国，一谈到学会（也泛指社团），必然要谈到民主办会，从我二十年前到CCF工作以来，中国科协的这种声音就从未断过。学会本来就是由成员自愿结成、自己组织、反映其意愿的组织，民主是其应有之义。那么，既然一直强调"民主办会"，那就说明现在有的学会还不是民主办会，或者说不民主办会的现象还比较普遍。

民主是根据成员的意愿、按照平等和少数服从多数的原则来共同管理本组织事务的一种制度，这完全符合社团的定义，换句话说，社团的本质就是民主。但现在怎么异化了呢？

民主的概念发源于古希腊城邦中实行的由公民直接行使权力的一种政治形式，公民通过亲自参加公民大会来掌握国家（城邦）的最高权力。但是随着国家（城邦）的扩大，由全体公民治理的方式成本太高了，于是后来逐渐演变为一种代议制（representative），即由公民选举其代表参与国家的立法和治理。现在世界上大部分国家实行的就是代议制。一个国家的议会

（Legislative Council）、股份制公司的董事会（board）、大学的校董会、社团的理事会都属于代议制形式。议会或董事会掌握着立法权，并通过选举或任命执行机构的最高行政长官（President, Prime Minister，CEO）来执行。这就形成了三层结构：代表大会、立法机构、执行机构。在社团中就是会员（代表）大会、理事会、CEO（中国一般称秘书长）。

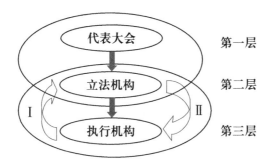

从社团的三层结构来看，会员（代表）选举出能反映其诉求的代表（理事），然后授权理事会聘任秘书长（CEO）。在这三层结构中，任何一层出问题或两层之间的连接出问题都会导致社团出问题。如果第一层异化，没有真正的会员，就不会有会员的诉求，第一层和第二层已经阻断，自然谈不上民主办会。如果第二层的理事会和第三层的执行机构阻断，就会出现要么什么也不干，要么执行机构架空理事会，想干什么干什么的情况，国内所谓"秘书长专政"指的就是这种现象。第二层和第三层的脱节还在于没有清楚界定立法机构和执行机构的权力边界。第二层是整个架构的核心，它承上启下，如果这一层不作为，那么，它不但不能代表产生它的群体，也不可能产生强有力的执行团队。

就社团而言，要重点解决第二层和第三层以及相互关系方面的问题。

理事会的问题是：长期不召开理事会，或不决策，或决策不符合程序。CCF第七届常务理事会在2000—2004年的四年任期内，开会时很少能达到规定人数，导致四年内几乎没有做出过什么重要的决议，学会发展几乎停滞。

执行层（秘书长）的问题是：重大事项不经过理事会决策就执行，或者小事通过理事会决定，大事自己决定。对于许多社团而言，秘书长是兼职的，而社团的管理和运营交给层级更低的角色来完成，这样导致权力悬空。有的社团既不是由理事长负责，也不是由秘书长负责，而是由一个常务副理事长或常务副秘书长负责，甚至还有"垂帘听政"，这都不正常。

虽然第二层立法机构是整个架构的中枢，但它在常规的运行过程中是被动的，它往往根据行政机构运营的需要来立法，因为执行机构要施政，必须有法律的支撑才行，比如国家的税收。

正确的程序是：第三层提出立法动议（动作I），由第二层决定，同意后形成法律（动作II），再由第三层执行。看起来这个过程非常烦琐，能不能直接由执行机构决策呢？不行！立法机构的重要职责是对执行机构实行独立的监督和制约，没有这样一个"环路",就会导致执行机构想干什么就干什么。为了防止立法机构本身的偏颇,有的国家又将立法会设为两层:上院(参议院)和下院(众议院)。有时也出现立法机构不作为的情形,如德国、意大利和日本发动的第二次世界大战,美国发动的越南战争,都给人类造成了灾难。

设计如此复杂的决策机制,是因为人有思维的局限,还因为人有优先考虑自身利益的本性,这就要求一个组织必须引入制约机制,还要防止制定和自己利益相关的规则。

社团的治理架构和国家的治理架构有同构关系。在社团中,有关理事的规则不能由理事会制定,而应该由它的更高一层的机构——会员(代表)大会制定。CCF理事会的《条例》中有一条:"理事连续两次不参加理事会就被除名,除非由学会指派了其他工作。"曾经有常务理事连续两次不参加理事会,在他们要被除名的时候,其他常务理事们的第一反应就是要修改规则,好把违规的常务理事留下。但发现《条例》是会员代表大会制定的,常务理事会无权修改,他们只能眼睁睁地看着两个违规的常务理事被除名了。如果不是这样,CCF肯定就不是现在的CCF了。这是CCF治理架构设计和执行的典型案例。

第二层和第三层各司其职,所承担的事项既不能上移也不能下移。如果把决策机构的事项下移就会导致执行机构自定规则,自己执行;如果把执行机构的事项上移就会导致效率下降,比如把学会经营的职责交给理事会恐怕就会出问题。

对于执行机构提出的立法动议，立法机构经过辩论和修改再最终通过的过程是必要的，如果立法机构成了"橡皮图章"就形同虚设。但重要的是，立法机构说"NO"非常必要，它防止"跑偏"，比如美国总统特朗普提出的新医保法案日前就遭到了美国国会参议院的否决。当然，如果立法机构总是说"NO"也会有问题，如美国国会屡次否决总统的预算，导致政府停摆。CCF也有说错"NO"的时候，如当年有理事提出的设立"CCF优秀博士学位论文奖"的动议就遭到了常务理事会的否决，幸运的是，半年之后还是通过了。

在挂靠体制下，社团的主要负责人往往来自那个被挂靠的单位，理事长、秘书长、办公室主任都是来自这个单位，会员的意愿得不到体现，这样的社团本质上已经不是社团了，而是某些单位的下属机构。

民主办会就是要反映会员的诉求，让会员参与到社团的管理中来，正所谓会员构成、会员治理、为会员服务（3M）。越是开放，越是民主，会员的参与度和积极性就越高，社团就越有活力。

CCF经过十多年的探索和改革，已经确立了较为合理的三层治理架构。理事会（常务理事会）决策高效，执行机构执行有力，为了防止理事会发散，会员代表大会选举出监事会来监督理事长、理事和理事会。2004年新一届理事会上任以来，CCF常务理事会开会时，没有一次到会率低于三分之二。为了更好地发挥第一层会员代表大会的作用,现在CCF实行了会员代表常任制,把原来的四年开一次会议改为两年开一次,下一步还要探索会员代表的动态调整制和设立会员代表委员会制。

一个健全的组织不但要能准确地判断"是",更要能判断"不",这需要这个组织中每个成员的觉悟,更需要一个好的机制来保障。

(2017年11月)

❖ 我心向往——一个科技社团改革的艰辛探索

为什么一项好的动议会"流产"

在2017年1月15日的CCF常务理事会上,专委工委代表执行机构向常务理事会提交了经由常务理事会执行委员会认可的一项动议:"专委向学会总部缴纳活动预算10%的管理费(overhead),以建立专委发展基金,扶持专委发展,同时,保证专委的财务和总部财务的互动。"会议经过长时间的激烈辩论,最终以不付诸表决"搁置"了这项动议(24票同意搁置,4票反对搁置,1票弃权)。这让提交这项动议者有些失望,本人作为这项动议的"始作俑者"对结果也颇感遗憾。为什么看上去非常好而且得到执行委员会同意的一项动议却被常务理事会"搁置"了呢?

一、为什么要设立专委发展基金

在讨论这个问题之前,先了解一下设立专委发展基金的初衷。专委发展基金由两部分组成,一部分是专委按照活动预算向总部上缴10%的管理费,另一部分是总部对专委投入的支持经费。建立专委发展基金的目的是汇集总部和专委的力量,为专委提供更好的服务并推动专委发展。基金的主要用途是:为专委的活动预付款并提供财务担保,当出现不可抗力而导致活动财务亏损时可以提供救济和支持;提供会议审稿和注册服务系统及相应服务,支持论文集和期刊的出版;提供签约审核和签约、专委培训和交流等方面的服务。建立基金的另外一个重要目的是,保证专委的财务和总部财务的互动,使得专委的财务成为总部财务的一部分,而不能游离于总部之外。从专委收缴发展基金,表面上看是从专委活动收入中拿走了一部分经费,实际上,通过设立这种规则,可以促使专委在策划学术活动时更具有市场意识、客户意识和经营意识,学会如何更好地组织活动,使学术活动更加有价值,更具影响力,从而使得专委具有"自我造血"机能并长远发展。

二、"搁置"有搁置的理由

常务理事不同意将这项动议付诸表决有其理由。总部目前为专委提供的服务不足,收取管理费不合理,在一些专委生存尚有困难的情况下,收取管理费将导致专委更加困难,而总部并不缺经费。这项动议没有数据支撑,没有给出发展基金的具体用途,没有提供专委反馈的意见清单,征求专委的意见没有给出让专委"看得见"的好处。历史上,总部从来没有收取过专委的管理费,为什么要收取?

常务理事可以"搁置"或否决任何动议,这是程序所决定的,但常务理事们的说法并不完全正确。

首先,学会总部为所属专业委员会活动的开展提供了政治、法律的保证以及经济上的担保,专委开展活动利用了学会的品牌和声誉以及其他资源,但长久以来,专委对总部没有任何经济上的贡献。目前,社会第三方机构在和学会合作时均需向学会缴纳费用,如果学会的分支机构开展活动却在经济上对总部没有任何贡献,并不合情理。一个公民或一个公司恐怕不能借口国家没有提供服务而拒绝缴税。以和CCF相近的国外学会为例,ACM收取SIG(Special Interest Group)活动预算16%的管理费(overhead),而IEEE则收取TC(Technical Committee)预算20%的管理费(如实际发生额比预算多,以多者计),活动结束后结余部分的1/3上缴IEEE总部。CCF收取专委的管理费比例(10%)相对是低的,且结余部分均由专委未来开展活动使用。

其次,总部并非没有为专委提供服务。目前,在专委开展活动前的协议审查和签署、财务管理、证书制作、文件提供、专委培训、出版等方面,总部提供了大量的服务。2016年,总部向所有评估合格的专委拨付了共一百多万元经费。

最后,专委上缴"管理费"的本质是使得专委不但在法律上和组织上和总部融为一体,而且在财务上也成为一体,这意义比"钱"本身的意义更加重大。如果把学会比作一个生产经营的公司,那么专委就像是该公司的车间,各个车间不可能独立于公司去经营，而必须和公司是一体的。1998年之前，当时的微机专委对外号称是"中国微机学会"，下设理事长、理事会，派代表团出国访问，有独立的财务账号，完全在总部之外运行。两年前，有的专委向每个委员收取年费，放到CCF以外的账户中；有的专委给主要负责人发劳务费或购物卡。种种现象说明，如果总部和专委在财务上不互动，不但可能使得专委成为"独立王国"，还有可能滋生腐败。所以，财务互动是分支机构和总部融为一体的必要条件。常务理事们应该看到"管理费"背后的本质，要站在学会制度变革和长远稳定发展的高度看问题。

常务理事们的意见反映了他们对这些问题的真实看法和认知水平，也反映了学会发展的现状，我们不能抱怨。

三、准备不足导致动议被搁置

从另一个角度看，常务理事们提出的意见也不是没有道理的。建立专委发展基金的初衷是好的，但是这个基金到底建多大，基金的钱如何支持专委的工作，没有给出"看得见"的好处，只要常务理事们没有"听懂"，"搁置"甚至否决就不意外。如果事先有一套缜密的方案和数据测算，并且广泛征求会员和专委的意见，那么，常务理事们的心里就会有底。一年前关于建立"职业教育发展委员会"的动议遭到了常务理事会的否决，就是因为缺乏严密的方案和调查数据。经过一年的工作，又向常务理事会提交了几十页的调查报告，常务理事会流畅地通过了该动议。

会前沟通非常重要。如果在提交动议前和每一位常务理事沟通，让他们理解这个动议的意义和目的，也听取他们对方案的修改意见，这既表明了对他们的尊重，也给他们充足的时间思考，上会讨论就不会有这么大的异议了，即所谓"七分会前沟通，三分会上表决"就是这个意思。回想十年前，提出"CCF优秀博士学位论文奖"的动议时曾得到强烈的反对，会议否决了这项动议。动议提出者认真分析了反对者的理由，根据他们提出的合理部分对原方案进行了修改，并分头一一和"反对者"沟通，听取他们的意见。结果，在半年之后的常务理事会上，这项动议以压倒性票数通过了。要看到，本次动议只是被"搁置"而不是被否决，这给动议者足够的时间和空间继续做工作，这也说明常务理事会是通情达理的。作为动议者，没有必要过分"伤心"，而是要更扎实地做好工作。

四、动议的"流产"体现出了CCF的核心竞争力

一项看上去非常好的"动议"被搁置自然是一件不爽的事，但这恰恰体现了CCF实行民主决策所具有的核心竞争力。如果不是开放式的公开讨论，没有广泛的"民意"，不是"by the Membership（会员治理）"，而是几个人私下决策，那么，不管一项动议多么好，都不符合CCF的决策程序。对于一个组织，程序正义往往比结

果正义更加重要，因为程序正义可以防止可能给组织带来灾难性后果的决策，尽管程序正义的成本较高，时间较长，但这是必要的代价。基于这一点，我们可以把动议的"流产"看成"庶民的胜利"。这和CCF开放式差额选举是一脉相承的，那些看上去像是"繁文缛节"的选举程序恰恰是学会凝聚力的重要来源，这比个别人决定候选人和等额选举不知好上多少倍。

基于常务理事的意见和建议，执行机构应该开展如下工作。①服务先从总部做起，设立基金，从经费方面支持专委的活动。②总部在专委组织学术活动方面，提供审稿和注册支持，提供出版经费支持。③加强专委的财务服务和管理，提供财务预算和决算模板，为专委提供财务便利，让专委清楚目前的财务状况。专委也要实行预算决算制，让总部了解各专委开展活动时的经费情况，据此获得数据。④在会员和理事中进行调研，召开专委沟通会，和每一位常务理事充分沟通，听取他们的意见，使得方案更加完善、合理和可执行。

做每一件事都不会一蹴而就，有点曲折是正常的，特别是一项新政策的决定，只有经过充分而广泛的讨论并成为上下的共识，执行起来才有生命力。从这个角度讲，这项动议的"流产"未必是一件坏事。我也相信，一项好的动议一定会获得决策层通过，这只是时间问题而已。

（2017年2月9日）

按：

这是我在2017年1月15日的常务理事会召开后所写的一篇文章，四年过去了，现在读它还有几分感动，因为它真切地反映了当时决策的过程和会议结束后我的心境。

这项动议的"始作俑者"其实是我。常务理事会议前我先将此动议拿到常务理事会的执行委员会（属于常务理事会的预研机构，以提高常务理事会的决策效率和质量）讨论，得到了赞同。但是，当我拿到常务理事会议上后，却遭到会议"无情"的搁置（不是否决），连高文理事长都投了弃权票，这让我感到非常失望，甚至有些生气，因为几年来我为此的努力就将付之东流。不过，表决的事项是该议题是否要列入会议议程，而不是直接对议案进行表决，这或许是高文理事长的高明之处。会后，我情绪化地写下了这篇文章的初稿，打算发表在CCCF上。过了几天，我冷静了下来，把文章看了两遍，感觉有点过于情绪化，不适合刊登。尽管如此，我还是把文章改了几遍，认为有些说服力了，但感觉再发表意义也不大，于是就放进抽屉了。

但此事毕竟未成，我心有不甘，又开始了谋划。我认为"强攻"不好，应采用"迂回战术"，于是着手修订《会议组织条例》。我在该条例（修订草案）中增加了"承办单位应向主办单位CCF上缴费用"的条款，因专业委员会组织的会议都属于承办CCF的会议，自然也属于"上缴费用"的行列。又考虑到有些人出于专委利益和其他因素会反对，我事先和他们一一进行了坦诚的沟通，说明了这样做的意义。他们反馈了一些意见，我大部分都反映在新条例中了，结果会议上以压倒性票数通过了议案。从此，CCF改写了专委不向总部缴纳费用的历史。这是CCF的胜利，也是我布局的一个"小战役"的胜利。从这里可以看出，CCF是怎么一步一步走到今天的。

我谈CCF治理架构的其他文章比较理论化，这一篇确是实实在在地反映了CCF程序化、科学化决策的过程，很具有操作层面的意义，我对这篇文章也很满意。现在要出一本文集，我想还是把它放进来为好，属于Case Study（案例分析）一类，或许对人们有些启发。

（2021年6月4日）

❖ 我心向往——一个科技社团改革的艰辛探索

什么是世界一流社团

不知从什么时候开始，中国掀起了一股"世界一流"热，尤以教育界为盛。据说到2050年，中国将是世界教育的中心，将引领世界教育发展的潮流，中国教育的标准将成为世界教育的标准，中国将成为世界各国最向往的留学目的国。中国大学的"双一流"项目就是这种思维的反映。这股风也吹到了社团，有人提出要把中国的社团搞成"世界一流"。

什么是世界一流？没有精确的定义，大意大约是世界上最好的。我在学会工作了二十多年，每年也数次出访，和国外有影响力的同行学会进行交流，但一直没有听说有"世界一流社团"这个词汇，即使那些备受我们尊重的学会，它们自己也从来没有提过。为什么？因为这些社团从来不把"比别人强"作为奋斗的目标，而是围绕自己的使命（国内现在叫"初心"）开展工作。凡对事物进行判断，总得要有个标准。社团是NGO（非政府组织）或NPO（非营利组织），它是在某一领域做政府和企业不能做或能做但又做不好的事，以满足社会、组织或个人的诉求，商会、行会、基金会、慈善会、学会等都是如此。我们所在行当的科技社团的属性是：第一，由该专业领域的专业人士自愿结成一个组织，以发展（所在领域的）学术和技术；第二，为这个组织的成员的职业发展提供服务。根据这个定义，不管是在世界范围内，还是在一个国家范围内或某个地域范围内，一个社团好不好，主要就看以上这两点。就成员而言，他并不在乎你是不是"世界一流"，而是看对他有没有价值。判定一个社团是否符合社团特征，有四个必要条件：①是否能够自组织（没有依附于政府或某些机构）；②是否有真正的会员（付费是标志）；③是否由会员治理；④会员是否可从社团获得有价值的东西。只要上述几方面中有一个方面不满足，它就不符合作为社团的要义，自然不要去谈什么世界一流了。

世界上没有一个机构给出"世界一流社团"的定义，也没有一个机构来评判谁是一流，这是因为社团就如同家庭，相互之间没有可比性，也没有必要比较，好不好只有家庭成员知道（中国民间有句话叫作：鞋合不合适，只有脚知道）。我们听说过有的国家有"第一夫人"，但没有听说过"世界一流夫人"，更没有听说过"世界一流家庭"。

尽管"世界一流社团"没有确切定义，但对这些优秀的社团还是可以总结出一些规律性的特征来的。

（1）有完善的治理架构和制度体系，保证决策民主、高效，并有监督手段防止权力发散。我们熟知的一些学会，如IEEE CS

（电气与电子工程师协会计算机学会，美国）、ACM（计算机学会，美国）、IET（工程技术学会，英国）、BCS（英国计算机学会）、ACS（美国化学会）、HKIE（香港工程师学会）等，无不是社团治理的典范。需要指出的是，上述社团无一自称为世界或国际的，IEEE 的 I 是 Institution（学会）之意，不是 International（国际），而 ACM（Association for Computing Machinery）也不是国际计算机学会。尽管这些学会也在全球发展会员，但本质上还是地域性质的，大部分会员还是属地会员，只不过人家没有把自己限制在一个国家地域内而已。目前 CCF 也有海外会员，但我们不是一个"国际性"学会，未来也不会是。

（2）有相当数量的活跃会员和志愿者。IEEE 有 40 多万付费会员，ACS 有 11 万，ACM 有 9 万多，CCF 的付费会员是 4.7 万（不够多！）。这些会员都是真实的、付费的，数据不是编造的。

（3）有丰富的产品（活动载体）。上述社团都有非常鲜明和有影响力的产品：会议、出版物、数字图书馆（如 IEEE、ACS）、奖励、标准（如 IEEE）、学术和职业道德规范（如 ACM）、职业资格认证和教育认证（如 HKIE 和 BCS）。

（4）在行业和社会（区域）有影响力，有独立的意志，不受其他机构的干扰。上述几个学会在其区域内乃至全世界都有非常大的影响力，完全独立，无一挂靠在什么机构，也不从政府获得任何财政拨款，做到独立决策、自我发展、自我监督。

（5）有保障其开展活动和运营的财务能力。如美国化学会 2012

年的收入达到4.907亿美元，其中80%以上是信息服务的收入[1]。

如果一个社团能满足如上几个条件，不管它活动的地域有多大，它都是一个非常优秀的社团，你也可以称之为"世界一流"。但如果不满足如上任何一条，不要说"世界一流"，就连社团（学会）恐怕都算不上。

为什么我们在社团发展的一些关键问题上长时间不能突破？究其原因恐怕还是有些政府部门喜欢把社团按行政机关管理，也便于官员在退休后有一个去处。另外，社团本身没有改革的锐气，喜欢在旧制度上过安稳日子。如果在脱离挂靠这一点不能突破，什么会员，什么民主治理，什么财务独立，都显得太奢侈了。我们在和国外社团交流的时候总有一个词"affiliation"（挂靠，从属关系）需要解释，他们不明白社团本来就应该是独立的，怎么还要依附于某个机构呢？中央已经发文，行会、商会要和政府脱钩，希望这一政令尽快落地，并对所有的社团产生效力。为什么我们总是把"世界一流"作为口号呢？恐怕一方面是因为好大喜功，搪塞领导，而另一方面和没有自信有关，因为只有没有实力的人（单位）才把口号喊得很大。空喊"高大上"的口号可能使我们忘记了"初心"，即这个组织的使命。毛泽东于1941年在延安写过一篇《改造我们的学习》的文章，他在文中批评那些"华而不实，脆而不坚"的人为：**"墙上芦苇，头重脚轻根底浅；山间竹笋，嘴尖皮厚腹中空。"** 目前，端正文风、端正话风、端正作风恐怕是我们最应该做的了。就科技社团而言，就应该脚踏实地致力于所在领域学术和技术的发展,服务好专业人士,而不是说大话、说空话。

如果我们能够把无独立意志(听从挂靠单位)、无真正的会员(不付费)和无会员治理(不开放式选举)的"旧三无"社团改变为无挂靠单位、无财政拨款和无行政事业编制的"新三无"社团,那我们就离"世界一流"近了一步。此前,还是少谈"世界一流"为好。

参考文献

[1] 杜子德. 非营利机构的经济行为和财务管理[J]. 中国计算机学会通讯,2017,13(10): 90-91.

(2018年7月)

社团的信誉及其意义

不诚信，无信誉，缺秩序。诚信是一个社会中的无形资产，却是中国社会当下非常稀缺的资源。

如果没有诚信，一个搜索引擎公司可以把客户导向一个无良的医院，医院为了图利而对病人不负责任；一个拼购网站可以公开侵权和售卖假货、假品牌；一个大学教授把人家的芯片拿来，磨掉商标后印上自己的名字就成了创新成果；一个青年学者学术造假难以自圆其说，所在单位却称之"非主观故意"。这种没有诚信的事数不胜数，人们对这些行为深恶痛绝。

什么是诚信？诚信就是信守承诺、说话算话，诚信就是遵守规则和约定，诚信就是实事求是，诚信就是遵守公共道德底线而不侵害别人的利益。商业机构应该拿合格的商品和别人交换，如果拿不合格商品或假货交易就是坑害消费者。代表人民管理国家和地方的政府应是诚信的榜样，否则将使社会失范。知识分子是人们心中的道德高地，但是，如果学者花纳税人的钱做研究却又学术造假，就是道德沦丧。

一个没有诚信的社会将使得交易成本提高，人际关系复杂，彼此缺乏信任，这会导致道德滑坡，使人民对社会失去信心。任何一种不诚信的行为都是对别人利益的侵害。如果不诚信者得不到惩罚，实际上就是在纵容不诚信行为。

社会团体，特别是学术社团，是由具有专业能力的知识分子自愿结成、为实现其专业的发展和提高成员的能力而成立的组织，应该也必须成为信守承诺、具有良好信誉、能够自治和自律的一片净土，成为社会的榜样。这是因为：

（1）其成员都是具有专业能力的知识分子，他们受过良好的教育，志存高远，视野宽阔，学识和眼界都和一般人不同。这些特征可以使他们的组织更加崇高且受人尊重。

（2）学术社团不是商业机构，没有商业利益对它的刺激，也没有公权可以支配社会资源，它对非商业利益的追求和"平民化"的属性有利于其保持"干净"。

（3）学术社团的重要职能之一是对人和事进行学术判断，需要公正、专业、客观，这就使得学术社团必须保持良好的诚信和信誉，否则会员就会失去对这个社团的信任而离去。科学的本质在于发现和解释自然与社会现象，技术是改善生产力的工具，如果在科学或技术上不能真实甚至故意造假，就会误导公众，浪费公共资源，而虚假和错误的技术还会导致更大的灾难。所以，真实是科学和技术的生命。科技人员从事科学研究是由社会提供公共财政支持的，他们就应该以其有价值的成果回报社会和国家，如果其成果掺有半点虚假，那么他们就和小偷、骗子别无二致。

但是，社团也活在当下的社会中，社会中的一些坏风气不可能不对其产生负面影响。社团中的成员出于对名誉和金钱的追求，也会有各种违反诚信原则的事，如论文的抄袭或剽窃、成果的造假、学术评价中的送礼和说情，等等。平心而论，当下中国的（学术）社团的声誉并不高，没有什么影响力，不但一般的人没把它当回事，就是搞专业的人也懒得入会，因此许多所谓的学会其实并没有什么会员。

作为一个学者，必须严守学术道德规则，但仅靠个人的"独善其身"还不够，为此，学术界就需要建立起一套约束机制，诸如"学术和职业道德规范"。ACM（美国计算机学会）就以其有学术和职业道德规范（ACM Code of Ethics and Professional Conduct）而感到荣耀。学术和职业道德规范可以规范其会员和本领域从业人员的专业行为，同时社团应是对违规者处罚的执行者。一个学术社团完全可以通过其会员模范执行学术和职业道德规范而在社会和公众中树立威望，并成为端正社会风气的榜样。一个社团往往代表一个行业和那个行业的群体，因此它的行为举止就显得比个人的更加重要。

良好的信誉有助于学术社团获得更多的社会资源，特别是企业赞助，可以使得社团开展更多符合其定位的公益活动；良好的信誉可以使社团有更大的影响力，从而影响其领域的学术发展，吸引更

多人入会，壮大学会；良好的信誉可以使社团有更大的话语权，从而影响政府的决策。

有一个故事：一个有人居住的岛上，居民彼此信任，夜不闭户，路不拾遗。后来有一个小偷溜到岛上行窃，一偷一个准，大获"成功"。而另外一个岛上，常有人不守信用，因此彼此防范，互不信任，大家对此非常苦恼。后来有一个人来岛上做生意，非常讲信誉，结果也大获成功。不过，前者的"成功"是达到了窃取别人财物的目的，并非真正意义上的成功，而后者的成功则利用了人们希望彼此信任的想法，是真正的成功。

诚信不仅表现在主观出发点的正当和真实上，还在于当出现问题时敢于面对和勇于承认错误。2005年，由CCF主办的全国青少年信息学奥林匹克联赛（NOIP）在内蒙古出现严重的教师故意帮助学生作弊的事件，新华社次年向全国发了通稿《变味儿的"奥赛"》。CCF不是寻找借口，而是第一时间站出来承担全部责任，承认错误，提出整改措施，并向全国告示。紧接着，不但处罚了当事人，还在组织方式和监督机制方面进行了大幅度的改革，结果，不但取得了中小学生和家长的信任，也取得了全国人民的谅解，学会也借此把NOIP的组织工作提上了一个新台阶。敢于承认错误是真诚的表现，也是自信的表现，最终也会获得他人的谅解。而死不认错不但是不诚信的加倍，更是懦弱和无耻的表现。

尽管当下的社会信誉度存在问题，但这不影响一个社团构建自己良好的信誉，而且极有可能通过建立良好的信誉而取得成功。CCF过去十多年的改革取得了极大的进步，其中重要的一条就是守信用，结果取得了业界的信赖，资源源源不断流到学会，会员人数也不断扩大。

建立社团信誉，首先是社团的精英（如理事会）对此要高度认同，大家应秉承这样的信念：信誉是学会的生命，没有信誉就没有学会。其次还要有一套制度和规范，有一个能够公正、不徇私情、严格按照规则进行处置的执行机构。当然，要做到这些，前提是社团要有独立的意志，"寄人篱下"是做不到这些的。

"人无信不立，业无信不兴，国无信则衰。"社团也一样。

（2018年9月）

❖ 我心向往——一个科技社团改革的艰辛探索

社团中的"山头"

2017年8月31日,北京市民政局做出决定,对自称为国务院科技教育领导小组的下设机构、非法社会组织"中国科技创新与战略发展研究中心"及其所属的40个委员会一并进行了查处和取缔。这当然是一个"李鬼",可是这伙人在中央眼皮底下干这种勾当也着实令人咋舌。

抛开山寨社团不说,中国社团有一个奇怪的现象,就是有许多"山头",即同一个领域或行业有许多同类的社团(尽管名称不同)。而这些社团(本文更多指学会)下面还有许多诸如专业委员会、分会、工作委员会这样的分支机构,此外还有省级、市级地方学会及其下属的众多分支机构。当然这些社团及其分支机构是"李逵"社团,是合法的。

把一个社团看成一个"山头"也不无道理,如果这个"山头"是合法的、高大的、受人仰望的、对社会有益的,那么,这样的"山头"就越多越好。世界上有很多这样的"山头",诺贝尔奖委员会就是其中之一,但中国目前的社团"山头主义"不是这样的。

"山头主义"有如下现象：在同一个领域，成立名称不同但本质相同的社团（学会、协会、行会、联盟等）或分支机构；把本属于一个领域的分支机构升格为一个和该领域平级的（一级）社团；不同的社团成立相同的专业委员会；省、市一级成立全国性质的学会或专业委员会；国外组织在中国发展和国内学会完全相同的专业委员会；等等。有的本属于一个社团的分支机构，但故意移花接木，写成"中国+分支机构+学会（协会）"，比如CCF原有的微机专业委员会就曾号称"中国微机学会"，让人感觉它是具有独立社团法人地位的全国一级社团。

"山头主义"的典型特征是碎、细、重（叠）、小、弱，"占山为王"。"山头主义"往往把一个社团搞成某些人的地盘，而一旦"占领"，别人就难以撼动。接着，当其他人难以在一个社团有话语权时就试图再另立"山头"。此外，就是把一个领域分成若干更细的分支，从而创建一个新的社团，也有的在一个社团下面成立和其他社团一模一样的分支机构。

出现"山头主义"现象有各种原因：

（1）"挂靠"体制、社团的不开放以及行政化色彩导致"山头"林立。 一旦"挂靠"成立，本属于一个领域或行业的学术共同体就这样被"部门"化了。一些人长期把持着学会的高位，每次选举前，候选人的形成就是这些人说了算，而且选举被设定为等额，选举人毫无选择的余地。这样，有些人发现没有机会，要不偃旗息鼓,要不就另立"山头"去了。

(2) **话语权**。科技社团由于其学术属性和中立性,在科技立项和评奖方面有发言权,因而有人希望利用学会的地位捞到自己的名誉,也有的希望通过评奖(收费)捞到经济方面的好处,这些人自然愿意在一个社团中当老大。

(3) **拉大旗作虎皮**。有人借国外社团组织的声望在中国建立分支机构,进而担任领导职务,这样似乎其"身价"也得到了提升。

(4) **把在社团的任职和学术地位等同起来**。比如,认为理事长的水平就比副理事长的水平高,常务理事的水平就比理事的水平高,专业委员会主任的水平就比委员的水平高,等等。君不见,一个专业委员会的副主任就能有二十多人,学会的副理事长多达十几人!

(5) **经济利益**。有些"志愿者"从学会拿钱,有的专职高管希望长期在学会垄断权力,有的利用学会非营利属性敛财……而由于社团的隐蔽性,敛财往往很难被发现。若干年前,并未注册但敛财很多的"牙防组"就是一个很好的例子。一个学会的副秘书长用学会的钱买了两辆汽车也是曾经发生过的事。

(6) **安排退岗的官员**。有些是官员卸任后为了保持一定的地位和经济收益而成立的社团。中国的许多社团都是在政府部门主导下成立的,这样的社团实际上成了某些人安排官员的场所。

中国的社团多如牛毛,据民政部的数据,仅在民政部注册的国字头的社团就有三千多个。但中国的社团并不发达,相应的作用也并未发挥出来,其中一个原因是和"山头主义"有密切关系。社团的"山头主义"对社会和国家的发展危害很大。

第一,"山头"林立的社团会导致非常严重的同质化,分散而不能形成合力。比如,同一个专业的会议同时有几个学会举办,而同行也就是那些人,该去哪个会议?很纠结。各搞一摊,谁也做不大。美国那么大,计算领域的学会主要就两个:ACM(美国计算机学会)和IEEE(电气与电子工程师协会),而在中国计算领域的学会、协会有十几个,还不包括上百个地方计算机社团。第二,"山头主义"不能团结专业人士并充分发挥他们的专长,没有专业人士的广泛参与,社团就不是真正的社团。一旦让专业人士感觉到他所从事的领域的社团和他关系不大,他就不会参与,这个伤害是非常大的。第三,社团缺乏公信力,不能发挥其应有的作用。社团应该是独立于第三方的组织,应该在专业发展方向、政府科技咨询、评奖和学术评价方面发挥其独立、专业、公正的作用,但"山头主义"的存在,导致上述几方面显然做不到。第四,有些人借社团谋取个人名利,滋生腐败,败坏社会风气。第五,败坏社团的名声,使得本应该得到公众尊重的社团失去了其影响力,对社会产生负面影响。

不铲除"山头主义",中国的社团就不能发挥其应有的作用。科技工作者的学术共同体意识是搞好社团的基础和根本。科技精英们要集体发声,争取自己在社团中的参与权和选择权,打破垄断，促使社团走向开放和正规。没有科技工作者对自己所在共同体的珍惜和充满激情的热爱，"山头主义"还会长期笼罩在社团上面。废除挂靠制，停止任何财政拨款（政府购买服务例外）和行政编制，走社会化发展的道路，鼓励开放式竞争和合并（包括吞并），不按地域设立科技社团，都是非常重要的措施。登记管理机关和业务主管单位要严格监管，既要打破垄断，又要防止全面开花。对那些发展不达标或者靠社团敛财者要敢于关闭。严格执行全国人大常委会通过的《中华人民共和国境外非政府组织境内活动管理法》，特别是该法中关于"境外非政府组织不得在中国境内设立分支机构"的规定，取缔未经批准的在华活动的社团。对于本文开始说的虚假社团，要依法惩处。

早在2015年，中共中央和国务院已发文，令协会、商会和政府脱钩，行政机关不得推荐、安排在职和退休公务员到行业协会、商会任职或兼职。这是非常英明的决定，相信在不久的将来也会令学会脱离挂靠单位。当然，削平"山头"并不容易，也不是一朝一夕的事，这需要专业人士的集体"觉悟"，也需要政府部门的严格监管。这既需要勇气，也需要时间。

（2017年9月）

CCF向何处去

2019年年底,CCF拥有6.8万名会员,然而2020年3月,会员数直线下降至4.5万。会员流失了1/3,只是因为受疫情影响吗?其实,深层原因还是CCF对会员的吸引力不够。扪心自问,CCF究竟能给会员带来什么价值?会员对CCF有什么意义?

2020年10月13—14日,CCF理事长梅宏召集部分常务理事和执行机构负责人就关乎CCF未来命运的战略问题,召开了一场思想碰撞的研讨会。图为参与第一环节"会员发展&产品与服务"主题讨论的人员合影

2004年4月之前，CCF没有个人会员，年会每4年召开一次，秘书处只有3名员工，那是多么简单啊！但，没有个人会员的学会不是真正的学会。此后CCF开始改革，发展个人会员。会员是学会的组织属性，是学会的组成元素，也是学会的所有者。CCF要按照国际通行规则发展会员，有真实的会员才有真正的价值，学会才会有活力。16年来，通过改革治理架构，围绕专业、专业人士、社会责任，创建各种平台、活动和服务产品，CCF发展了6万多名实实在在的会员，连国外同行学会都叹服于CCF能发展如此多的会员。

CCF发展付费会员，其中一个目的就是用会员的去留来考验学会的工作。学会的产品和活动都围绕会员展开，因此会员数的增减也是检测学会工作的标杆，会员的流失是对CCF产品和服务的考验与挑战，我们必须深刻反思。

CCF是平台，不是服务机构，学会和会员不是server和client的关系。学会的生命力在于会员间的互动，而不是单向的信息传递。YOCSEF之所以从1998年创立至今依然很活跃，就是因为AC（Academic Committee，学术委员会）委员们之间有频繁而深入的互动，从而时刻充满激情与生机。因此CCF应该以线下活动为主，线上服务为辅。疫情期间线下活动少就是会员流失的原因之一。经统计，去年参加CCF线下会议和活动的人次为5万，按照会员数6.8万计算，人均年度参加线下活动还不到1次，显然太少。

如何让会员参与活动呢？要让会员动起来。现在学术会议热衷于找"大咖"作报告，而小范围的同行交流似乎变少了，因此会员的表现机会也自然少了。其实应该让会员自己担当活动的"编剧"（提供活动创意）和"导演"（安排互动方式），如CCF启智会，就由会员自主发起，自己制定议题和议程，CCF只提供经费，这样会员就都能得到展现机会了。我们还有很多资深会员现在并未发挥太大作用，未来应开发一些新的产品，比如针对会员的不同诉求，由资深会员录制专题讲座，充实数字图书馆，供会员浏览。CCF还应多关注一些非"985""211"高校的师生，让CCF的产品和服务惠及他们，为他们的职业发展和个人成长提供帮助。

此外，还应特别关注企业界人士，需要思考如何让他们从CCF获得价值。2020年CCF成立的CTO Club就是针对产业界的新平台，未来还会成立城市分支机构，构建覆盖全国的网络，以CTO Club为核心，吸引更多产业界人士加入CCF进行互动。

对于学术机构，学术评价是其重要职能。所以，CCF的另一个发展方向是拓宽能力认证的范围。目前很多高校和企业都已经认可CSP（计算机软件能力认证）和CCSP（大学生计算机系统与程序设计竞赛），2020年有1000余名学生参加CCSP。近期或将开启对中学生编程培训讲师的认证工作，未来CCF可以在认证方面发挥更大作用。

随着CCF业务规模扩大，即将于2022年在苏州投入使用的

CCF业务总部&学术交流中心将大大拓展学会发展的物理空间，未来将成为CCF业务发展的中心，也是开展计算机领域学术会议和活动的中心。但必须采用专业化、公司化运作方式，包括组织架构、运营和服务的专业化。

参与第二环节"1～3年工作&CCF的愿景"主题讨论的人员合影

学会秘书处的运营团队需要具备高素质和专业精神，为会员提供流程化、个性化的定制服务，体现专业性。同时要按市场的行情招聘高素质的员工。

2022年是CCF创建60周年，值得纪念，需要整理CCF的发展史。纪念方式包括征文、表彰、对历任理事长进行访谈等。同时也需要反思，反思和自我批判是自信和有更高追求的表现，我们要回顾CCF的发展历程，总结经验教训，鉴往知来。

在当前国际形势下，我们应思考CCF如何成为计算机领域的国际民间交流通道。经与ACM和IEEE CS十余年的合作，CCF逐渐摸索并建立了平等互惠的合作方式。合作是资源互换，CCF需要有底气和实力才能和对方进行合作，前提是要按照学术社团普遍认同的价值观和通行规则做事。随着CCF会员的增多、服务影响力的提升，ACM和IEEE CS越来越重视与CCF的合作。双方在深入了解和相互信任的基础上，共同评选并颁发了CCF-ACM人工智能奖和CCF-IEEE CS青年科学家奖，这些奖项完全按照国际惯例评奖。

参与第三环节"国际合作"主题讨论的人员合影

未来，CCF可以在以下几个方面发挥作用：拓展和欧洲、亚洲国家学会的交流合作；参与国际学会治理等工作；通过有价值的服务形成凝聚力和影响力，以影响力带动国际合作，扩大国际影响，为会员争取更多资源。要让CCF"走出去"，成为真正的国际化学术团体。

未来CCF的发展必须考虑以下三方面的影响力：①学术引领和学术评价；②教育；③对公共政策的评价和建议。没有影响力，没有社会责任，CCF将变成一个自娱自乐的俱乐部。

作为一个独立社团，我们能不能有独立的意志并发出独立的声音？过去，我们做得还不错，但近年来，CCF在公共政策方面发声不够。显然，在高等教育、学术评价、项目分包和评价方面，CCF应当发声，但同时也要建立发声的决策机制，对公共政策提出评价和建议。

Stay hungry, stay foolish（求知若饥，虚心若愚）。尽管在专业化和国际化的道路上，CCF已经遥遥领先国内其他大多数社团，但我们不能骄傲，不能止步：CCF处在什么阶段？未来将何去何从？什么是CCF的核心价值观？我们到底在追求什么？只有不断思考和反思，才能更好地发展。作为学术共同体，CCF希望未来能把计算领域的专业人士团结起来，讨论大家关心的问题，能让每一位会员都通过CCF提升能力，展示才华，得到发展。

（2020年11月）

关于学会的本质和治理架构 ❖

CCF的危机

中国计算机学会（CCF）经过12年的变革，已发展成为一个符合现代社团治理架构、有较大影响力的学会，它的工作不仅赢得了会员的肯定和支持，还得到了业界乃至社会的广泛认可，甚至成为学习的榜样。对于CCF所取得的成绩，我和学会的全体同仁一样，心中充满着荣誉感、成就感和自豪感。但是，我们静下心来仔细想想，感到CCF的工作虽然不错，很多方面称得上优秀，但是离卓越还差得很远，离业界对CCF的期望尚存在很大差距。我作为学会秘书长，有一种危机感，这种危机感促使我必须审慎地思考学会的现状、存在的问题和未来的方向，清晰地分析问题的根源，和学会理事会同仁一道找到化解危机的良策。

一、进一步提升学会的影响力

学术影响力是学会的根本，如果学会没有学术影响力，那么这个学会就没有存在的必要。影响力有几个境界：①业界或公众听说过你的名字；②业界或公众知道你说过什么或做过什么；③问问你是怎么说的；④就按你说的办。"CCF"这个名字在业界已经享有很高的知名度，已达到第一个境界。它所代表的"中国计算机学会"在国内计算机学术界已有一定的影响力，即达到了第二个境界，做过的事如CNCC（中国计算机大会）、*CCCF*（《中国计算机学会通讯》）、YOCSEF（青年计算机科技论坛）、ABC（国际会议期刊推荐列表）、NOI（全国青少年信息学奥林匹克竞赛）以及一些奖项（如优博奖）。但是，CCF对学术发展的整体状况和对未来的发展方向不能说是有了非常清晰的把握，或者没有告诉业界，或者说了但没有引起注意，即没有达到第三个境界，《CCF计算机科学技术发展年度报告》受欢迎程度不高就是一个例证。除了《中国计算机学会通讯》外，其他出版物影响力不高，也没有成体系的学术出版物。业界或公众遇到计算领域的科学或技术问题时，没有想到问问"CCF是怎么说的"，更不必说第四个境界——"按你说的办"，这就是差距。影响力是一个人或一个组织在他人心目中潜移默化的积累，它通过行为和信息对人的思维产生作用力进而改变人的行为。影响力是高度信任产生的结果。影响力需要通过多种途径长期积累方可产生，如做事的风格、文化和制度、高品质演讲的学术会议、奖励、期刊和杂志、技术白皮书等。CCF全体会员和分支机构必须把学术影响力的扩大放在学会工作的重要位置，要知道，影响力体现着我们的服务品质，也体现着我们对社会贡献的大小。

二、继续专委的变革

目前，CCF所属的专业委员会已经发展到了一个新的阶段。根据CCF对各专委2016年工作和活动情况的评估看，所有34个专委都合格，各专委工作和活动已基本跨过"规范"这个门槛。现在，各个专委都广开思路，努力把专委的会议和其他活动办好。但是，在追求"热闹"的同时，活动的质量和吸引力还亟待提高。从专委参会人员的数据分析发现，参加会议的会员并不多（有的只有30%），来自工业界的技术人员也不多（不足20%）。专委没有把为会员服务当作自觉的行动，专委写出的年度发展报告并没有得到业界的充分认可，关注度不高。上述问题的出现，一方面，总部（理事会）要反思：我们在宏观制度方面设计得是否完善？我们是否激励专委服务会员并在评估方面考查这方面的内容？另一方面，专委负责人以及专委每个成员也要反思：自己所在的专委存在的意义是什么？是该领域的学术共同体吗？它的使命是什么？我们为专业的发展和会员服务提供了什么？常务理事会即将对上述第一个问题展开讨论，争取在促进专委和会员互动、和总部互动、改变对专委的评估办法方面制定新的规则。专委要对第二个问题进行深入思考和讨论。

三、提升工业界的参与度

中国在IT领域的从业人员数以百万计，他们大多在企业从事技术工作，但是，CCF中来自企业的会员比例却不足15%，这说明这些人没有发现CCF对他们的独特价值。我们在开展学术活动和设计交流平台时，往往更多考虑的是学术界的需求，对产业界技术人员的需求重视不够。应该看到，产业界的技术人员对自身技术水平的提升、同行对他们能力的认可、其所在企业对人才的需求，都是显然的乃至刚性的。如果我们能把脉他们的需求，使他们入会就不是问题。现在，CCF企业工作委员会正努力工作，争取开辟一个能让技术人员交流的平台。CCF的分支机构也要把吸引企业的技术人员当成一种自觉的行动。如果CCF中来自企业的会员比例达到40%，那就非常令人欣慰了。

四、维护奖励的公信力和权威性

CCF有13个奖项，全部采用推荐制。这样做符合奖励的本质，有助于评奖的公正性，也符合国际通行的奖励规则。但是近年来，随着CCF奖励的影响力的扩大，有些单位把个人获得CCF奖励列入晋升的条件，这使得有些人对获奖的"刚需"越来强。近两年来我们发现,有些人或者与"某些人"有利益关系的人开始说情,这就影响了评奖的客观公正。评奖是有些人(评奖委员会)代表一个组织(如CCF)对某些人在某方面贡献进行的判断,是一个相对的评价。当然,这个判断未必是百分之百准确并得到所有人赞成的,被评上的未必是最好的,更优秀的也许在获奖名单之外。所以,要正确认识评奖,不能把获奖和个人的晋升及经济利益挂起钩来。中国的评奖之所以异化(包括学术荣誉),就是因为获奖和利益挂钩得太紧。为了维护CCF奖励的纯洁性、公信力和权威性,学会将制定严格的规则,禁止请客、送礼和说情的行为,一经发现,将严格处罚。

五、提高服务会员的水平,完善学会网络

经过不懈的努力,截至2016年12月31日,学会的会员数已超过35 800,这个数字和国外一些知名的计算机学术团体相比还显得较低,和中国计算机专业的从业者数量相比,比例也太低。除了上面说的加大对企业专业人员的服务外,大量的非985/211高校特别是偏远地区的高校的师生还不能充分得到CCF的学术资源,学会要通过"CCF@U"活动和其他活动,关照这些高校以及师生,在这些学校发展会员。有了会员就需要沟通的平台和网络,CCF还要继续构建以城市为单位的会员活动中心和以大学为单位的学生分会,让这些节点能够自组织,并通过节点的活动把会员凝聚住。

六、协助政府在科技方面的决策

政府在推动信息技术（IT）产业和教育方面真可谓煞费苦心，每年计算相关方面的科研经费也很多。但是，什么是未来的科研方向，什么是产业方向，或者什么是不可以做的，政府往往需要借助于专家的智慧做出判断。CCF作为一个专家云集的组织，应该承担起这样的责任来。2015年，CCF应中央网信办的邀请组织了四个小组编写了《中国十二五规划的问题》及《十三五规划的建议》，得到好评；CCF也曾应全国人大法工委的要求就"互联网立法"写过修改意见。此外，CCF曾对政府介入学术评价、不合理评价高校学科的发展提出过批评意见。但总体上，CCF对政府的科技决策帮助不大，我们要在这方面发力。

七、处理好与相关社团的竞争与合作关系

随着国家的开放，有不少国外社团到中国发展，创建分支机构，发展会员，开展活动。尽管全国人大发布了《中华人民共和国境外非政府组织境内活动管理法》，对境外组织在中国开展活动加以规范和限制，但这部法律不是保护落后社团的良药。就算没有国外组织的竞争和蚕食，国内信息领域的社团也不止一个，这必然存在竞争。我们要做好竞争的准备，在竞争中学习对方的

长处，补上自己的短板。同时，也要善于合作，做到双赢。合作是品牌的互用，是资源的共享。如果合作过程中合作一方只给一个虚名，既没有提供资源，也没有通过自身网络推广，那么，这种合作是没有意义的。

以上指出了CCF面临的几个问题，希望学会同仁就这些问题进行思考并展开讨论。总之，CCF在看到自己成绩的同时，还要不断反省，看到自身不足，有危机感。只有这样，我们才能不断进步，承担起发展专业、服务社会的重任。

（2017年1月）

❖ 我心向往——一个科技社团改革的艰辛探索

"启智会"为什么难以启智

张晓东教授在 *CCCF*（2020年6月）发表了一篇题为《原始创新的驱动力》的文章，我深以为然！原始创新不仅要有适宜的环境，更需要自身的创新意识。

本人曾于2006年去德国达格斯图尔（Dagstuhl）会议中心参加国际信息学奥林匹克（IOI）发展讨论会。在为期4天的会议中，大部分时间是围绕与会者选定的议题进行头脑风暴式的自由讨论，大家畅所欲言，最后收敛形成结论。那次会议给我留下的印象至今难忘。受此启发，CCF于2017年开办了系列活动"启智会"，顾名思义，即启迪智慧的会，目的是为学者们提供不受拘束、进行自由学术探讨的空间。

为此，CCF每年为"启智会"留出50万元预算。根据规划，启智会每年举办5~10次，每次3天，人数不超过15人，CCF对参会者实行全额资助。会议结束后，要求写出两页纸的观点报告。但是，在过去的3年中，启智会仅举办过7次。这大大出乎我的预料，原因究竟何在？

这或许首先可以从教育制度中找答案。中国的教育是应试教育，从小学开始，学生的作业和考试都要符合标准答案，如果自由发挥，可能就是零分，高考就是"标准答案"的大检阅。经过12年"填鸭式"的训练，大部分学生已经养成了固定的思维模式，即使进了大学，也希望老师给出考试范围，这种现象可能还会持续到博士毕业。

　　中国每年招收约10万博士生。据我所知，不少博士研究生在读期间并没有选题过程，而是直接参与到导师所承担的研究或工程项目中。选题是一个博士研究生最基本的学术训练，他要从浩瀚而繁杂的学术问题中，选择一个有意义的研究方向。这不但要求阅读大量的文献，了解前人的成果，还需要知道后面要解决什么问题，从而聚焦研究选题，完成博士论文。坦白承认，研究生期间所做的成果有不少是用不上的，既然如此，为什么还要培养研究生呢？实际上，研究生阶段最重要的不是其研究成果，而是其所接受的学术训练，包括掌握科学研究的方法，养成批判性思维，培养发现和解决问题的能力，等等。经过这样的严格训练，博士生取得学位后，即使从事学术以外的其他工作，也可以很快上手。遗憾的是，许多博士生并未受到这样的训练。

　　据统计，中国学者在国际上发表的论文数已居世界第二，但能引领新的学术方向的成果却不多。究其主要原因，就是不少中国学者缺乏独立思考能力，不能提出新的学术思想，不敢对现有的学术观点进行质疑，更不敢挑战权威，这恐怕是启智会不兴旺的重要原因之一。

其次是体制原因。政府掌控着庞大的资源,在强大的行政化体制下,科研人员几乎必须在各种"命题"的指引下,为申请项目而疲于奔命,很难有自由探索的空间。不过,我们欣喜地看到,2020年4月29日,国家自然科学基金委同五部委发布了《新形势下加强基础研究若干重点举措》,明确提出支持科研人员自由探索,对自由探索和颠覆性创新活动建立免责机制,具体落实在立项选题、经费使用以及资源配置的自主权。但愿这些令人兴奋的举措能真正落实。

有了学者个人的独立思考,又有国家政策的鼓励,就能够营造适宜创新的学术环境。如果这两点能成立的话,张晓东所说的"自由探索之路"就可以实现,而"启智会"也会门庭若市。

(2020年7月)

关于社团的运营和管理

这一部分重点讨论学会的管理和运营,包括构建人与人之间的联结、产品设计、商业模式、人员管理等,技能方面有如何开会、如何安排饭局、如何评价、如何演讲等,具有实操性。但由于是在杂志上刊登的文章,版面有限,故也是点到为止,没有充分展开。

❖ 我心向往——一个科技社团改革的艰辛探索

联　　结

新冠病毒肆虐已一年有余，除了夺取人的生命之外，它最大的危害是隔断了人和人之间的联系。各居一方的人们现在才真正意识到，人和人的联结是多么重要！

人与人结成一定的关系是由人类的基因所决定的，还因为生活需要结伴，生产过程需要多人分工配合，人的思想也要通过交互思辨才能逐步形成。此外，人还有情感交流的需要，这就是网络沟通远远无法满足人们需要的原因。因此，构建现实的联结（person-to-person connections）是人类的刚性需求。而以人为成员主体的社团（association），其本质就是联结，联结是社团的生命，没有联结就没有社团。

联结是把两个端点的人用一条看不见但能感知到的线联系起来。

联结线有疏密。不同的人，和他人联结线的疏密不同。一个有广泛社交的人，其联结线是致密的；而社交少的人，其联结线则较稀疏。线意味着资源。社团的任务就是最大限度地建立成员之间的联结，从而使成员能够相互分享资源和思想，进而产生价值。

联结线有强度。有的人的联结线看上去很致密，但和多数人只是一面之交，线的强度很低，这表明这些联结不是真联结，也不会产生价值。联结不但要看疏密，更要看品质。

联结线的颜色。因人的专业发展、经济活动、兴趣爱好、政治理念、宗教信仰等不同，会形成"颜色"不同的联结线。一个人和外界的联结是多元的，其线必定会有不同的颜色。

构建联结的速度。有些人社交能力很强，能很快和周围的人打成一片，而有些人则沉默寡言，很难和其他人建立联结。社交就是建立联结并加以巩固。所谓情商高就是构建联结的速度快且联结强度高。

联结线的生命周期。联结线一般会随时间流逝而衰减或中断，但有些人之间的联结强度很大，多年不见依然情深意浓，甚至永世不忘，而有些人则是过眼浮云。

联结是信息的交换、资源的交换、情感的交换，联结线就是人脉，就是资源。只有物理世界的联结和情感的交互才会形成有品质的联结，而仅通过虚拟方式建立的联结则很不稳固，这也是人们对线上会议很难提起兴趣的原因。

一个有生命力的社团能够使成员间建立的联结线非常致密且有很高的强度，这取决于社团的文化、机制、成员的品质等多种因素。

联结存在平行（线的两个端点强度相当）、星状（两端点不对等）及随机等几种不同的方式。地位或资源相近的人容易形成平行联结，一般人数较少，但容易形成强联结。一个资深讲者面向一群人演讲则形成星状联结，星状联结属于弱联结，但有些人则可以把弱联结转化为强联结，比如一个听众因向讲者提了一个很好的问题从而和讲者建立起密切的关系。

评价一个社团优劣的核心指标之一是看其成员间建立联结的密度、强度和成本。根据统计，2020年CCF会员参与活动的人均次数不足1次，显然，强度还不够。

日裔美籍社会学家弗朗西斯·福山在**《大断裂：人类本性与社会秩序的重建》**一书中提出**"社会资本"**（Social Capital）的概念，实际上就是讲一个国家的国民之间的联结，他把联结看成资本。计划经济是人被固化的经济联结，而市场经济则是人可主动和其他经济体建立联结的制度，文化、政治及宗教等层面的联结情况类似。一个国家的国民之间联结的密度和强度一定程度上反映了这个国家的文明程度。

（2021年2月）

关于社团的运营和管理 ❖

学会走向职业化的重要一步

2018年10月24日,CCF理事会通过了《中国计算机学会秘书长遴选聘任条例》,这是CCF秘书长职业化的重要"法律"基础。

从2006年起,CCF的运营就基本社会化了,秘书处脱离挂靠单位,员工从社会上公开招聘。不过,秘书长却是从过去的挂靠单位"继承"过来的,虽然实行了秘书长聘任制,但也只是从旧体制到新体制的过渡,没有实现秘书长完全社会化。只有秘书长职业化、社会化了,学会运营的职业化才算完成。

2016年6月召开的常务理事会讨论了2017年秘书长人选更换问题。由于常务理事会和理事会对事(条例)和对人(秘书长候选人)的准备均不足,于是决定继续过渡一届,在本届任期内,制定秘书长遴选规则,并为遴选新秘书长做准备。该条例于2016年10月开始起草,到这届理事会表决通过,历时两年。尽管条例不足三千字,但在过去的两年中却经过多次讨论和反复修改,最终形成理事会认可的内部规章。

条例对秘书长任职能力和条件提出了较高的要求:秘书长不

但是懂专业的业内人士，还必须懂得运营和管理，更要高度专注和廉洁。由于秘书长需要负责学会的战略和运营（章程规定），这个职位实际上是"首席执行官（CEO）"，这在第一条"总则"里就明确了，希望今后修订学会章程时修改这一职位的名称。考虑到开放的需要及未来CCF在全球的影响力，没有限定这个职务只能由具有中国国籍的人担任，只要符合任职条件，哪个国家的人都可以担任。

遴选过程既要开放，又要收敛和高效，于是设计了报名推荐、初选、公示、面试和确定候选人等多个环节。遴选委员会对于遴选称职的秘书长候选人非常关键，遴选委员会不能坐地等待，而要主动出击，物色符合条件的秘书长候选人。如果遴选委员会没有遴选到合适的候选人，那么理事会也无从表决和确认。遴选委员会成员必须非常熟悉学会工作并能真正对CCF负责。所以，7人组成的遴选委员会中有3人是理事长，4人是理事。由于学会的运营和管理与企业有相似性，因此还特别强调，遴选委员会成员至少2人来自企业。为了防止遴选委员会少数人做出决定，条例规定：遴选委员会开会时必须至少有5人到场，会议决议必须得到4人同意方可。条例还规定：禁止任何有碍公正遴选的行为，否则会得到惩罚。

秘书长不仅是职务，更是职业，如果胜任，可以连续聘任，以保持学会工作的连续性和稳定性。考虑到理事会要周期性地评价秘书长的能力和贡献，条例规定每一任期为四年（任期和理事会任期错时），到届评价，以便理事会决定是否更换。秘书长具有运营、财务和人事三大权力，这给秘书长职务的腐败留下了巨大的空间。为此，除了理事会及其聘任的司库进行制约和监督外，条例专门规定了"弹劾/解聘"条款：三分之一常务理事或三分之一理事即可联署发起弹劾动议。

对秘书长的要求如此之高，恐怕会出现这样的局面：有能力的不愿来，而没有能力的理事会不愿要，以至于使这个职位"悬空"，这将是学会的危机。因此，学会必须考虑秘书长的待遇问题。条例规定了制定秘书长薪酬的程序：**"秘书长的薪酬和奖金标准由常务理事会决定"，并且四年一届任期结束时，理事会认为贡献大时可以给予奖励（注：现任秘书长不执行该条）**。这一条"转子程序"的操作会给秘书长选聘带来不确定性：如果薪酬过低，符合条件的人不会应聘；如果薪酬过高，常务理事会不会同意，这对常务理事会是一个挑战。如果没有人才市场化的思维，不能根据秘书长的能力和贡献给予相应的待遇，则遴选过程会遇到难题。因此，理事会观念的转变是一个现实的问题。

显然，选到称职的秘书长比条例的起草和表决通过要复杂、艰巨得多，但毕竟，条例的通过为未来的遴选打下了很好的"法律"基础，这也是值得庆贺的事。

（2018年11月）

❖ 我心向往——一个科技社团改革的艰辛探索

社团的非营利属性和商业运作

中国的学会、协会、商会、基金会、研究会、校友会等非营利机构（Non-Profit Organization，NPO）多如牛毛，但不管什么会，它们都有一个共同的特点就是非营利。一说到非营利，不少人以为就是不能有经济行为，不能沾钱，这导致中国大多数社团缺钱，要靠"挂靠单位"或政府"输血"维持。由于经费困难，这些社会组织难以发挥应有的作用，也很难成为一支推动社会进步的重要力量。出现这种情况的原因固然和中国法律不完善、不健全有关（如免税），但更主要的，还是和社团管理者的观念陈旧、运作方式落后有关。

非营利机构最显著的本质特征就是为某个特定群体提供服务而不能分红。实际上，非营利的属性并不是不盈利。非营利机构和一般的商业机构在运作上并没有什么不同，只是产品不同而已。

不管是什么机构，凡是在社会上有活动的，就会有交易，有交易就会涉及钱。所以，NPO没有经费保证就难以开展活动，

关于社团的运营和管理

这就要求NPO懂得商业模式和融资手段。大学的商业模式是政府拨款、学生缴纳学费以及接受社会捐赠;学者的商业模式是将自己的劳动力"卖"给政府以获得酬劳;作家的商业模式是码字卖稿。中国过去的"养儿防老"其实也是一种商业模式,即先"投资"孩子,后得到"回报"以养老。

具有非营利属性的社会团体固然要承担社会责任,但并不表明它一定是一个公益组织,也并不意味着提供免费服务。当然,在有足够经费的前提下,可以从事一些公益事业。NPO要把社团的商业运作和公益分开,没有充分的经费支持,就谈不上从事公益事业。

科技社团的主要产品是学术会议、培训、出版物、发展报告、评价和奖励。上述产品中,有些可以盈利,如学术会议和培训,有些则需要投入,如发展报告和学术评价。应该了解的是,需要经费投入的活动可以给组织带来更大的影响力和品牌价值,对于开展其他方面的活动很有帮助。这样,一个组织如果要从事(实际上也必须从事)需要经费投入的活动,就必须保证一些活动是有盈余的。

CCF年度收入中,会费约占17%,另外的83%是经营性收入。CCF总部组织的活动,均能做到不同程度的盈利。大部分CCF所属专业委员会多年来只能做到收支平衡、没有结余,也很难开展学术会议以外的其他活动,自然很难对总部的财政有所贡献。产生这种结果的原因是,大部分专委将自己的活动完全"承包"给了承办单位。交给承办单位固然省事,但没有任何结余,又会使得专委难以从事"扩大再生产"方面的业务。多个CCF专委秘书长对开展活动、如何筹资感到困扰。如何改变这种状况?这就需要先从改变思路和做法开始。

专委组织活动时,组织者要先把活动看成"产品"。会议是专委最主要的产品,这就要对会议进行精心设计:会议的定位、会议的形式、大会的演讲者、参会者(买家)、注册费、商业赞助、财务预算等。

定位和会议设计。会议的定位很重要。会议是属于学术、技术、应用方面的会议,还是和产品关系密切的商业会议?组织者对此要非常清楚。采用何种形式,邀请哪些人作大会报告,会议的"卖点"、地点、举办时间都要考虑。一个优质的学术会议往往有非常精彩的大会报告,参会者提交的论文水平也很高。

客户和定价。要精准定义客户群体,定位不同,客户就不同。会议的规格高、影响力大,会吸引众多不投稿的专业人士参会,而注册费往往也不低。由ACM和IEEE-CS合办的高性能计算会议(International Conference on Supercomputing)每年参会人数达到1.2万,注册费标准为每人725美元(不包括任何餐费和参加workshop的费用),而TED(技术、娱乐、设计)演讲大会门票收费高达每人数千美元。我们有的会议收费很低,希望吸引更多的参会者。其实,收费很低未必和参会者多有必然的正相关关系。注册费可以看作和价值的交换,人们参会与否主要是看会议的价值和需求。还有另外一种情况就是免费会议，它导致别人看不出会议的价值，除非有人为那些免费入场者付费，否则就是自欺欺人。

宣传和营销。"好酒不怕巷子深"是不对的，一个好的产品也要有很好的营销手段。营销需要渠道或借助于有影响力的平台。一般而言，参会者越多越好，这样不但可以扩大影响力，还可以降低单位参会者的成本。

预算和财务控制。会议组织者要估算所有可能的收入和支出，做出平衡或有结余的预算表，并在执行过程中严格控制。会议的收入除了注册费之外，还有承办费、协办费以及赞助费。有无赞助取决于会议对出资方的吸引力和会议的影响力。精心编制的可执行的预算表对把控整个会议的财务过程非常必要。

会议的平台作用和产出。只要有人聚集，就有平台作用。一般地，参会者越多，平台作用越大，不同的利益诉求者可通过平台满足其诉求，比如，通过演讲扩大影响力，通过影响力吸引展览、招聘人才、寻找合作伙伴等，会议组织者可以明码标价地把这些机会"卖"出去。这就是平台的价值。

诚然，盈利多少并不能和会议的影响力大小直接画等号，但会议的营收可以从一定程度上看出其影响力来。今年，CCF将要求所属专业委员会实行严格的预决算制度，在举办会议前制定详细的预算表，在会议结束后向总部提交决算表。无论承办单位是什么机构,都需要和学会签署合作协议。学会要求各专业委员会改变让承办单位"包干"的做法,而是让对方提供显式的资源(现金、场地、人力等)并承担有限责任。如果按照上述产品经营的方法,不但会解决专委"缺钱"的状况,更重要的,还能把会议办得更好。

(2017年3月)

非营利机构的经济行为和财务管理

一个社会有三种基本属性：政府、企业和非营利机构。政府是以公民授权的方式获得权力并以税收来管理国家和服务公民的，而企业是通过出售产品或服务获得利润的方式生存和发展的。企业以盈利为目的，盈利是企业创造价值、促进社会生产力发展的源动力。非营利机构（Non-Profit Organization，NPO）则不同，它既没有公权和税收，也不像企业那样去追逐利润。但NPO就像一个社会的润滑剂，它可以解决许多政府和企业不可能解决的问题。一个高度发达的社会（国家），其NPO也必然是发达的，一个没有NPO的社会是不可想象的。

一、非营利机构的经济行为

NPO（相对于政府而言，也称非政府组织，NGO）是为了满足社会中某些群体的个人兴趣、专业发展、慈善等需要而自行组织的机构，它不以营利为目的，但是，个人或者组织只要在社会中有某种行为，如集会、行善、交流，就会产生交易，就会有商业行为。因此，一个NPO在社会活动中也有经济行为。

从理论上讲，NPO在开展活动时的所有开支应该由这个组织的成员分摊。但是，NPO与相对封闭的俱乐部不同，它往往具有一定的社会属性，会从事一部分与成员无直接利益关系的社会公益活动。如果活动的成本都由成员分摊显然会有问题，因为会员不具备这个能力，这就需要NPO能有其他的经济来源。而符合NPO定位的、在经济上有溢出效应的经营行为是社团获得财政收入的重要手段。那么，如何界定NPO的非营利性质及其经济行为呢？国际上通行的定义只是：不能分红！那些看到NPO"谈钱"就"色变"的人的想法是完全错误的。

有些组织完全是公益的，如"诺贝尔奖"奖励委员会，它的经营活动主要靠将原来诺贝尔先生最初设立的奖金不断投资而获取盈余，以保障每年有足够的奖金发放。红十字会是一个国际性的、面向全社会的公益组织，它的收益是靠人们的捐赠。联合国这样的组织完全靠成员国会费的收入运作，不少商会、行会基本上也是靠会费收入。

除去上述几类机构，有许许多多实行会员制的专业型NPO社团，称为学会或协会，会费是其重要收入，但这还远远不能满足其日常运行和提供服务的需要，必须还要靠经营获得其他经济来源。

二、经营好产品是社团发展最重要的经费来源

社团成员在专业领域的聚集可以产生商业上的溢出效应,其典型的行为有:专业交流、出版、咨询、奖励、培训、竞赛,这些都可看成社团的"产品",可以通过经营产生经济效益(profit)。此外,由于社团的非营利属性,还可以获得社会捐赠和赞助。一般来说,一个专业社团在其领域的影响力越大,就越有可能在经济上有更强的盈利能力,如美国化学会,会员超过11万,其2012年收入达到4.907亿美元。一个社团想要有足够的经济能力从事专业和社会服务,就要求社团有一批非常谙熟于社团运营的专业人士来管理。当把活动看成"产品"时,则必须考虑产品的设计、商业模式、受众、定价、营销等,经营社团实际上就是经营一个不能分红的"公司"。在中国,目前大部分社团还在靠"挂靠单位""输血"度日,没有真正的会员,在头脑中还缺乏"产品"和市场的概念,谈论社团的经营似乎有些奢侈。

社团有两类人:不拿薪水的志愿者(专业会员)和运营社团且拿薪水的专业人士。要经营好社团,就必须按市场行情聘请非常专业的人士,如果专职高管不够专业,那么想运营好社团就是一句空话。

三、对社团财务的监管

对政府的监管是靠立法机构的监督,以及财政公开,接受公民的监督。公司(特别是股份制公司)的财务由于其产权透明,出资人会制定一套监管制度来监管。NPO从理论上说,每个会员都是社团的"股东",但又不能分红,其结果必然会导致没人真正对社团的财务负责。由于社团数量众多(每个社团还有许多分支机构)且行为隐蔽,社团日常财务由政府监管是一件非常困难的事。社团的财务监管已是中国社团管理的一大难题。

国际上的组织已经形成一些非常好的制度,特别是欧美的社团。我们熟知的计算领域的知名组织IEEE(电气与电子工程师协会)和ACM(美国计算机学会)都形成了严格的预决算审批公开制度和日常监管制度,对由学会主办的每个活动,总部都有缜密的前、中、后财务监督,决不允许利用学会的品牌擅自举办活动和有经济行为。

NPO获得经费不容易,财务监管也一样难。相比之下,中国社团的财务问题较多,具体有以下现象:

(1)财务不透明,由几个人操盘,特别是长期由几个人"把持"的社团更是如此。

(2)洗钱,通过社团的账号走账,把钱"洗"到个人的口袋。

关于社团的运营和管理

（3）社团专职高管自定薪酬，自己给自己发钱，或以劳务费和福利费的名义给专职人员或志愿者发钱。如在本书《社团中的"山头"》一文中指出的"全国牙防组"，其中某些重要成员就从社团中谋取了大量的好处。

（4）分支机构有财务账号，在社团的体外"循环"。分支机构的财务完全由相关负责人掌控，无人监管，分支机构成为某些人的"银行提款机"。

（5）关联交易，即利用手中的权力把社团的业务发包给自己成立的公司，或发包给与发包者有利益关系的人。

中国社团中的经济腐败行为不但败坏了社会风气，也严重地败坏了社团的名誉，中国至今没有NPO免税的法律和社团本身不自律有很大关系。因此，必须从政府、社团内部和公众几方面对社团进行监督：

（1）社团实行严格的财务预决算制度，财务状况必须向社团所有会员公开，并接受质询。社团任命独立的监督人对日常财务进行监督。

（2）专职高管不能自定薪酬，必须由社团理事会或其授权的薪酬委员会制定。

（3）对分支机构的经济行为严加管控。根据民政部、财政部等部门2014年发布的规定：社会团体分支机构的全部收支应当纳入社会团体财务统一核算、管理，不得计入其他单位、组织或个人账户；分支机构不得开设银行账户，不得单独制定会费标准，不得截留会费收入,不得自行接受捐赠收入,不得截留捐赠收入。国家的规定是明确的,必须严格执行。

(4)严格和规范交易规则和流程,禁止关联交易。

(5)对违反国家法律法规和社团财务规定、从社团捞好处的人给予严厉处罚。

NPO的会员、决策机构(理事会)和运营者(执行机构)不但要懂得NPO的社会属性,也要懂得如何经营社团,懂得如何规范管理财务。中国的社团还处于发展的初级阶段,这门"启蒙"课程一定要上好。

(2017年10月)

关于社团的运营和管理 ❖

社团中的人力资源

本人阴差阳错被安排到了中国计算机学会（CCF）工作，一晃已经二十多年了。想当初到CCF，根本不懂NGO（非政府组织）为何物，从零开始，潜心摸索，经过这么多年历练，有了一些体会。

一、社团专职员工的素质要求

运作学会，除了业务发展之外，还有一个重要事项是抓专职员工队伍建设，因为没有一支专业化的员工队伍，学会的服务和项目的运作就会落空。CCF的员工总体不错，但我总觉得还不够专业。人们常把社团的工作比作"万金油"式的工作，谁都能干，于是把不好安排的人就放到社团，这表明对社团工作的不了解。就我体会，从事社团工作绝非一件容易的事，它需要首席执行官（CEO）、首席运营官（COO）、项目经理、项目专员、市场营销员、财务人员等多种角色的人，而且这些人还需要具备多方面的知识和能力。

领导力。领导力（leadership）即让他人工作的能力。领导力不是领导（leader），前者是能力，后者是职位或角色。领导力包括对工作的深刻理解和把握，并能吸引和激励他人参与到工作中来。社团涉及的大多是人，特别是在专业性程度很高的科学和工程技术领域的社团，其成员都是造诣很深的科学家或工程师，一个没有任何行政权力的社团让会员以志愿者的身份心甘情愿为组织贡献需要很强的领导力和高超的技巧。领导力不仅是社团的负责人需要具备的能力，也是一般的员工要具备的能力。

产品设计能力。社团从事的大多是服务，即看不见的较"虚"的东西，要把"虚"的东西打包成产品并让客户感知到很"实"的东西就需要有很强的产品设计能力。一个科技社团的产品很多，学术交流、标准制定、培训、竞赛、咨询、奖励和认可（能力认证）等都是产品。社团具有一定的公益属性，故其产品并非总是能够盈利，比如制定标准及学术道德规范就需要资金方面的投入，但这种投入对专业（profession）的发展、专业人士、专业共同体（community）及整个社会的良性发展非常重要，因此投入是值得的，也是必须的。当然，一个组织的影响力最终可以转换成经济资源。

融资和商务能力。融资能力体现的是经营能力和商务能力。一个社团必须能融到足够的资金以支持自身的运行和活动的举行，否则就难以为继。社团得不到公共财政的预算支持，而会员的会费收入还远远不能满足开展活动和提供服务所需要的经费要求（如CCF上个财年会费收入占总收入的比例为10.5%）。所以

"找钱"是运营社团的首要任务。

专业能力。尽管从事社团工作的人并不一定非得是那个领域的专业人士，但具有相当坚实的专业背景对从事该行业的社团工作具有很强的优势，因为如果没有专业方面的理解，就很难和会员对话，在判断力方面也大受影响。

表达和沟通能力。从事社团工作主要是和人打交道，那么，社团的从业者就需要有很强的书面表达、口头表达以及沟通能力，这几乎是从事社团工作的入门能力。

除此之外，社团从业者还需要有其他诸如**法务、礼仪、工具的使用**等方面的常识。如果是社团主要负责人，他还必须具备**治理架构设计、规章起草**等方面的能力。

对社团从业者的要求要这么高吗？是的，不开玩笑，这确实是真的！当然，不是每个社团从业者都要达到如上的水平，社团中也分高、中、低不同的职位，但无论何种职位，必须具有较全面的修养和专业技能。这里的"较全面"即是前面说的"万金油"。在专业分得很细又不强调通识教育（general education）的中国教育体制下，培养出满足社团工作要求的毕业生还真有难度。即使降低一些用人标准，从社会上招聘社团从业人员也非易事。

二、社团人力资源匮乏的原因

中国社团众多，但满足要求的从业人员却非常缺乏，原因在哪里？

中国没有形成社团人力资源市场。在计划经济时代，政府是全能的，一切都由政府主导，即使是社团，也按行政机构来配置，不存在独立的社团。随着中国的改革开放和市场经济的发展，社会需要更多的社团，数量也大幅度增加，但大部分社团从理念、组织和运营等方面没有完全从计划经济的桎梏中脱离出来，它们还是政府的一部分或挂靠于政府机构（的事业单位），其雇员由政府或下设的机构指派，不需要从市场上开放式招聘，故没有对人力资源的市场化刚性需求。另一方面，由于需求方不足，供给方自然不足，大学里鲜有专业是和社团相关的，因为从该专业毕业了可能找不到工作。在中国的职业目录里找不到在社团服务的行当。民政部、人力资源社会保障部于2006年发布的《社会工作者职业水平评价暂行规定》仅适用于在社会福利等领域从事专门性社会服务工作的职业资格问题，对于其他领域的社团从业者没有涉及。只有当社团像公司那样社会化了，才有可能形成社团的人力资源市场。中央已经下令让商会、协会和政府完全脱钩，鼓励它们独立发展，这是社团迈向社会化的第一步。

社团从业人员待遇低。由于社团普遍存在缺钱的问题，员工的待遇自然不高，对应聘者吸引力不大。

社团认同度低。中国的社团没有行政权力（当然也不应该有），没有影响力，没有经济实力，更没有名分，得不到认可，从业者没机会升迁，再加上政府部门常常把NGO（非政府）看成不稳定因素加以限制（让社团挂靠于政府也有这方面的原因），因此社会上并不认为从事社团管理工作是一种职业也是自然的事了。

上述情况反映了目前中国社团发展的窘境，说明社会和政府对社团的重要性认识不足。实际上，社团是国家和社会发展的一支重要力量。首先，社团的发展可以提高一个国家的社会服务水平，让更多的人享受到更好的服务，发挥政府和企业难以发挥的作用。其次，人们通过参加社团可以满足自己个性化的专业发展或兴趣方面的诉求，这对提升国民的专业素养非常重要，对社会的稳定也很有好处。最后，可以扩大就业，减轻社会就业压力和政府负担。据统计，2012年，美国非营利组织创造了1140万个就业机会，占私人部门就业总数的10.3%。只有真正理解社团对国家和社会的意义，且国家通过立法和行政措施支持社团的发展，才能有更多的人能够并且愿意从事社团工作。

用一句流行语：社团从业者旺盛之时就是中国社团发展之日。

（2018年8月）

❖ 我心向往——一个科技社团改革的艰辛探索

社团的饭局

不用说,吃饭对人非常重要,而且每天要吃三餐。本文不是讨论人如何吃饭的问题,也不是讨论饭的营养价值,而是讨论社团如何吃饭。

人只要聚会就不免要吃,古今中外均是如此。国家领导人互访时举行国宴就是"吃",人们开会时要吃,情趣相投的聚会时也要吃。记得"文化大革命"期间,农村每年都举行"三干会"(即县、乡、村三级干部会议),开会管饭。只见每人端一只大碗蹲在地上一字排开"开怀畅吃",场面可谓壮观。那时人们平常吃不饱饭,借开会之际吃顿饱饭是一件莫大的开心事!社会进步,生活改善,为吃饱饭而开会的情景已经基本看不到了。

由于社团的主要行为特征是"聚",聚就少不了要吃饭,因此吃饭是常事。但社团的吃和个人的吃截然不同,社团的吃不是为了填饱肚子,而是为了社交的需要、工作的需要,因而有更多的仪式感和更高的附加值。

社团的饭局有如下几种:①保证会议的流畅和为参会者的

便利提供的工作餐；②专为特定人群相互认识和交流安排的社交餐，如招待会（Reception）、早（午、晚）餐会等；③完成某种特定的仪式或表达特别情感的仪式餐，如为颁奖会、庆典会、欢迎会、答谢会、就职典礼等安排的宴会；④社团内部某些成员为了加强相互工作关系而自发组织的小规模情感聚餐。

会议工作餐。会议分小型会议和大中型会议两类。小型会议（一般20人以内）的工作餐由会议组织者提供，这种聚餐还有餐间交流功能。大中型会议的工作用餐，多数由会议组织者提供，但欧美的学术会议的工作用餐常常由参会者自己解决，会议组织者不管。就像酒店供不供应早餐一样，由谁负责工作餐无所谓好坏，只要事先说清楚即可，但前提是，会场周边要有足够多的餐馆供参会者选择。会议供餐的好处是参会者省时省事，可以保证下面会议按时举行。但当参会人数太多时，组织成本巨大，而且众口难调，会导致参会者的满意度降低。这种工作餐，吃饱不饿即可，餐具可能就是泡沫饭盒和塑料刀叉，极简的桌椅，或有桌无椅，甚至旁边还放着特大的垃圾桶。吃这种饭没什么情趣可言，千万不能抱很高的期望。

社交餐。这种是为社团内部增进相互了解或为了某个特别目的而举办的聚餐，大多数场合由发起的社团付费。由于以社交为目的，规模不大，餐费可高可低。如学术会议举行的前一天的招待会和CCF理事餐会都属于这种情形。这种聚餐，有时是桌餐（中西式均有），有时是冷餐，没有椅子，目的是让参加者可以随意走动，接触更多的人。这种聚餐一般只提供红酒，不提供白酒。在这种聚餐上，有时吃不饱，散会后还需要找地方补充。比较考究的聚餐分两段进行：第一段是自由交流，借葡萄酒、啤酒推杯换盏；第二段是移位举行正餐。另外还有一种是参加人付费的餐会，如名人餐会或募捐会，前者在西方多见，后者在慈善组织中多见，目的都是募集资金，但这在科技社团并不常见。

仪式餐。这是一种极具"八股"性的饭局。这种餐会是组织者为达到一定目的而精心组织的餐会，所有参加人都是特别邀请的，未经邀请不可参加。这种场合，组织者一般要事先安排好座次，分主桌、次主桌和一般桌，主人和最重要的嘉宾坐主桌，且要主宾相间，便于交流。中国的传统是第一位重要客人在主人的左手边，接下来的客人依次安排。来客要按照组织者的安排落座，千万不可乱坐。

这是仪式感很强的场合，对参加人的着装有非常严格的要求。在欧美，男士不仅要穿礼服，还要系蝴蝶结。中国没有扎蝴蝶结的传统，这会有点麻烦。除非组织者有特别要求（未来科学大奖的捐资人就必须统统系蝴蝶结，穿燕尾服），否则领带也说得过去。这种场合如果服装不得体，建议不要出席，否则显得自己很没有修养，对组织者和其他参加人也不礼貌。中国过去是礼仪之邦，很讲究着装礼仪，但不知道从什么时候开始变得不讲究了。CCF在每年春节前举行的年度颁奖大会，就是仪式感很强的餐会，但有的人居然穿着大棉袄就来了，显得非常随意，经多次提醒，现在已有所改观。

举行这样的餐会对环境要求很高，如8米以上净空的大厅，花灯高照，洗熨整齐的台布和餐巾布，考究的餐具，印制精美的中英文菜谱，艺术品般的饭菜，等等。自然，价格也不菲，一般是平常费用的数倍。不管饭菜多么昂贵，形式都大于内容，较少人能记住曾经吃过什么。与其说是吃饭，不如说饭菜是仪式的佐料，贵，但值！吃这种仪式感极强的饭显得很高雅，很兴奋，也很有收获，但比较累。

这种餐会的费用有时由组织者支付（如CCF年度颁奖大会），有时则需要参会者自己付费（如有些学术会议的晚宴）。

情感餐。这种餐比较简单，自发组织，或发起者付费，或AA制（自吃自付），餐标则"丰俭由己"。关于座次，习惯是付费者坐主位，或者随意。对参加者的衣着没有特别的要求，不需要正装，通常商务休闲装比较合适，但男士不宜穿短裤，女士不宜穿超短裙。

还需要特别说明的是**关于随员的安排**。国际惯例是随员一概自理，没有例外（不过我参加过多次国际会议，没有发现那些年事已高的资深专家有随员）。在中国，情况有所不同，有些小型的高档聚餐，组织者可能会安排随员（秘书或司机）用餐。其他场合，如果没有特别说明，随员概由其主人安置，组织者不予安排。遇到这种情况，缺省值是"NO"，参加者也不宜询问，否则显得没有教养。

另一个问题是酒。白酒是中国的国酒,但除了小范围的情感餐外,另外几种场合的餐会只有葡萄酒、啤酒或饮料,没有白酒。

有人或机构为了表示对客人的尊重或显示自己的阔绰和气派,极尽铺张,似乎不贵、不丰盛就显不出自己的身份,实不可取。对于社团而言,尽管吃饭所花的钱不属于公共财政(官办社团除外),但钱是属于会员的,应根据需要尽可能务实而节约,达到目的即可,万不可铺张浪费。

社团的饭局很有讲究,因为它的一切行为都是为了扩大组织的影响力和凝聚专家,饭局只是一种有效的组织形式而已。如果单是为了吃饭,那还是不吃为好。

(2018年10月)

社团的评价

人无论是自己为自己做事,自己为别人做事,还是让别人为自己做事,都要接受评价:农民种不好庄稼,收成就不好;工人造的产品不好,就卖不出去;厨师做的饭难吃,就招不来食客。在学校,学生要考试,研究生要答辩,这些都是评价。不管是情愿的还是不情愿的,是主动的还是被动的,评价无处不在。评价是为了防止发散,是为了选择,是为了利益。社团既然代表了一群人的利益,也不例外,也要接受评价。

评价分自我评价和他人评价。如果是一个人行事,最直接的方式是结果评价,如走路不小心摔倒了,买东西买错了,或被别人诈骗,自己会长叹一声:倒霉!所谓责任就是"担当后果"。所以,如果能让当事者自己承担责任的,其他人可以不管,当事人自然会为结果"埋单"。但在现实生活中,更多的是另外一种情形,人们常常会以某种形式结成一个集体做事,或委托他人为自己做事,这就需要委托人对被委托人做事的结果进行评价。股份制公司的股东要对聘用的总经理进行评价,公民要对政府进行评价，会员要对学会治理者进行评价，等等。委托者是被服务者，被委托者是服务者，如果服务者不能很好地服务客户，客户有权选择新的服务者。因此，在开放环境中，在委托关系的情况下，客户是最好的评价主体，选择是最好的评价方式。在社团（本文主要指学会、协会等），治理层（理事会）是会员选举的，运营层的高管（CEO）是理事会聘任的，如果他们干得不好，会员（选民）就可以重新选择他们信得过的人。当然，当他们发现选择无效时，也会选择离开（退会）。

评价还分高低两种，即"多差"和"多好"。"多差"是底线，突破了底线就会损害他人的利益，这需要一个机构来评价并制止，如公民违法就要受到司法机关的惩罚。而对于"多好"则没有上限，不同机构有不同的取向和评价标准，外部（包括监管机关）是管不着的。有的评价非常直接和简单，如本文开头的举例，但现实生活中，评价非刚性事物，是一件非常困难的事，如对艺术和科学的评价就很难。在学术界，评价是否要"唯论文论"到现在还争执不休。最近，《美国新闻与世界报道》对高校学术水平的排名就引起全世界的痛骂，而关于中国高考的争论到现在也没有停止过。可见把一件复杂的事简单化地评价是多么有害！对于社团而言，评价"多差"容易而评"多好"难，如一个社团没有独立意志，不能独立运营，需要挂靠于其他机构才能生存下去；没有真正的（个人）会员；治理层成员不是经过会员开放式选举的，而是由个别人操控的；没有对其会员的服务，都是对"多差"的评判标准。符合上面任何一条,就可以认为这个社团差或不合格,这时,政府作为社团的登记管理机关就要出面干预,这是防止社团发散的最后一道关口。

舆论对"多差"能起到一定的监督作用,如当年的"全国牙防组",如果不是它乱收费和太过招摇后被媒体发现是非法组织,或许它现在还活得挺好呢!2006年,由CCF主办的全国青少年信息学奥林匹克联赛(NOIP)因内蒙古赛区发生舞弊行为被新华社曝光,一时成为公众事件,这一事件促使CCF在信息学奥赛的管理上有了革命性的进步,并对敦促教育部取消联赛一等奖被保送上大学制度产生了重要影响。但是,社团众多而且其行为比较隐蔽,靠舆论监督有一定的困难。

对于一个开放的社团而言,对"多好"的评价还是来自内部,会员的选择就是一种非常有效的评价方式,会员多,说明受欢迎程度高,反之则说明不受欢迎或存在的意义不大。在CCF,理事会是通过公开选举产生的,这是一种选择性评价。也有理事及会员代表对理事长、秘书长及理事会的评价打分,对于极端情况,监事会可以弹劾理事长,理事会也可以罢免秘书长。CCF每年都有对分支机构的评估,专委有两次不合格就要被撤销或重组。CCF监事会受会员代表大会的委托,有对理事和理事会进行监督和处罚的权力,但是如果监事会"放水"怎么办?CCF目前没有规定,从完善制度的角度,应该设立一个会员代表委员会,其中一项职责就是对监事会进行监督。

内部评价的另一种形式是奖励。奖励是同行对本组织内做出突出贡献的成员表示肯定的一种形式,特别是在学术贡献方面的肯定。奖励尽管是对少数人的,不能覆盖全部,但是它是一个学会价值取向的集中体现,它告诉会员:这就是标杆(sample),以此激励会员。

看一个社团有"多好"主要看这几个方面:是否有相当数量的真会员,并对会员专业能力的提升有帮助;是否在所在专业领域有影响力;是否能承担社会责任。在学术社团内部,看一个分支机构有"多好",主要看:是否有学术影响力;是否发展和服务会员;是否对所在的社团有财政贡献。看其"多差",主要看:活动名称和形式是否规范;行为是否规范;财务是否规范,等等。

目前,中国有一些机构推出若干对社团的评价体系,但大多烦琐且多量化,很难反映社团的真实面貌。有些政府部门还推出5A级评价系统,不但指标不够科学,其合法性也存疑,因为政府部门如没有得到法律的授权是不能随意对所管理的社团进行打分和等级排序的,正如政府不能对公民进行打分和排序一样。政府能做的就是严格按照法律的规定对社团进行合规性评价,这是底线,如果有社团越过底线就可以对其进行处罚甚至将其关闭,至于一个社团有"多好",和政府没有关系,政府也无权对社团分出三六九等。政府的重要职责是评"多差"而不是评"多好"。

社团的评价涉及社团的价值取向和定位、治理架构和制度建设、会员数及活跃度、行为及影响力、对行业的贡献及对社会的贡献,等等,比较复杂,很难搭建一个简单的模型进行评价。其实,作为管理机构,把住底线,开放NGO登记就算尽责了,其他的还是应该交给市场。

(2017年12月)

❖ 我心向往——一个科技社团改革的艰辛探索

奖励的本质和奖励的异化[一]

每个人一生都会面对各种各样的奖励,从孩童到终老。儿童上了学后,时不时给父母拿回奖状或一面(纸)红旗,兴奋异常,他(她)对老师(学校)给予的肯定和褒奖非常在意。当一个人从学校毕业走向社会后,遇到的奖励也许就更多了。获一个好奖,让同行和公众尊敬,获奖人也感动。如CCF曾有获奖者携着八十岁的老伴儿领奖,也有的请自己九十多岁的老母亲一同领奖,这就是荣誉感的体现。但有的奖颁发之后,同行或社会公众不以为然,甚至怀疑奖项的公正性和严肃性。奖励这种看起来很好的事为什么会产生相反的结果呢?这要看看奖励的本质以及奖励的异化。

一、奖励的本质

奖励是一个人或一个组织做出了对某个行业或社会有正面意义的工作而得到的权威机构公开的褒奖和肯定,从而让受奖者得到应有的荣誉,并让其他同行或同类组织产生敬意。

[一] 本文由作者和CCF海外理事、美国俄亥俄州立大学教授张晓东共同撰写。

一个有名望的科学技术奖,一定会有两个显著的效果:①有突破性的科学发现和进展或有影响的科技创新得到了充分的认可和广泛的传播;②获奖人得到了同行和公众的尊敬并受到鼓舞。有这两个显著效果的主要原因是得奖的工作得到世界范围同行的认可,而且经得起时间的考验,并有足够的证据和大量的事实来证明其影响力。

在我们计算机领域,提出一个新概念、一个计算模型或装置,或一个系统框架是经常的事。但是,有生命力的理论必须是有深远的学术影响和广泛应用价值的。比如,1969年,IBM学者Edgar F. Codd提出了一个关系数据模型(Relational Data Model,论文于1970年正式发表)。当时学术界也有其他的数据模型,包括层次模型和网络模型等。而关系数据模型却迅速得到工业界的积极响应,工业界以这个模型为基础开发出数据库产品。著名的数据库公司甲骨文就是以这篇论文为基础,在20世纪70年代创造出新的"甲骨文"数据库。关系数据模型很快成了主流计算机数据库的奠基石,并一直延续到今天。为此,Codd获得了1981年的图灵奖。

在计算机领域还有两位从未获奖,但又为计算机的发展做出最原始贡献的人物,一位是英国数学家阿兰·图灵(Alan Turing),另一位是美国数学家冯·诺伊曼(John von Neumann)。图灵于1936年提出的一种抽象计算模型,又称图灵机,为计算机的逻辑规范和操作奠定了基础。冯·诺伊曼于1945年提出了构造计算机的三个基本元素:计算单元、存储单元,以及一个联接这两个单元的通道。这就是我们所熟悉的冯·诺伊曼结构。我们今天所使用的基本计算装置,从计算器到笔记本电脑再到巨大的超级计算机,都在冯·诺依曼结构的范围内。

为了表彰和纪念图灵和冯·诺依曼对计算机理论和体系结构所做的奠基性贡献,后人用他们的名字命名了计算机领域的顶级大奖:ACM图灵奖和IEEE冯·诺依曼奖章。

专业方面的理论或者技术对公众而言也许有点难于理解,但往往也能以通俗的语言或其广泛的应用效果得到公众的认可。如英国人爱德华·琴纳(Edward Jenner)发明了牛痘接种术,使人接种牛痘苗后就可以获得抗天花病毒的免疫力;王选的激光照排技术能使出版报纸的速度加快,成本降低;袁隆平的水稻优种技术可以增产;等等。

奖励就是激励人们去做好事,为改善人类生产方式和生活方式做出更多的贡献,增加社会资本(社会资本是人与人或人与社会之间的互惠性规范和由此产生的信任,以及由这种关联和信任给公众或社会带来的帮助或资源),增加社会正能量。如果每一个人都因为优秀人士的感召而争做好事,这个社会就是一个健康的社会,向上的社会。奖励的生命力在于其公信力。奖励主体的威望、奖励标准、评奖程序以及结果,都会影响奖励的公信力。奖励好比一个度量价值观的尺子,好的奖励会产生强大的、良性的社会效果,如诺贝尔奖;而没有公信力的或错误的奖则可能扭曲价值观,会伤害人们的良知,让人们感到失望。产生后一种现象是由于奖励的异化造成的。

二、奖励的异化

奖励异化的根源在于动机和目标的异化，以下是几种典型的奖励异化。

将对工作结果的认可变为努力的目标会产生异化。一个人做事是有源动力的，比如兴趣、推动科技进步、影响力、好的市场效应、成就感等，奖励是行为人之外的人或组织对其结果的肯定。但如果行为人是为了获得奖励而做某件事情，则不但动机和行为过程均存在问题，且不可持续。急于获奖的心态容易导致在申奖报告中夸大其词，拔高效果，甚至作假。

将奖励和利益直接挂钩会产生异化。奖励和利益不应该直接发生联系，如果获奖后便会得到直接利益，则损害了奖励的初衷，并带坏了科研环境和风气。目前在中国，获奖有助于担任大项目的负责人，并获得更多的科研经费，获得杰出青年、入选千人计划乃至当院士便有了"规定"的注脚。实际上，这就导致许多人以得奖为其工作奋斗的目标。于是又出现了申报制和答辩制，这样科研人员为了获奖就要花很多时间和精力做非科研方面的努力。

评选主体错位会产生异化。一般而言，即使人被夸奖是一件愉悦的事，但是夸奖的主体失当或由外行评价专业方面的问题也会产生负面效果。如法国知名经济学家、《21世纪资本论》作者托马斯·皮凯蒂就拒绝接受法国政府授予的荣誉军团勋章，他给出的理由是，政府的角色"并非决定谁值得尊敬"。如果让计算机领域的专家来决定哪个生物学家的贡献更大，简直就是"南郭先生"。

程序失当和不公正会产生异化。 当奖励者和被奖励者均有不正当的利益诉求时，就会努力把这些诉求融入评奖的程序中，比如程序不公开，事先打招呼，奖项"设立者"有时也会干涉评奖过程。在中国，奖励者收钱的案例并不鲜见，甚至有人把评奖当作一种敛财的手段。

奖励异化所产生的负面作用是巨大的，因为它会伤害公平和正义，会给出错误的价值判断，会伤害真正为一个崇高目标而奉献的人和组织。如果奖励产生异化，还不如不奖励。中国每年产生无数的奖，包括政府奖和专业奖，但真正得到社会或同行认可的奖却不多。为了防止奖励的异化，就必须让奖励回归其本质，把获奖和利益之间的链条斩断，将程序公开，将评奖人公开，有人为评奖结果承担责任，允许质疑，有纠错机制。

三、国家自然科学一等奖的统计数据说明了什么

科学研究的目的是创造新知识和发现新规律，它会得到全人类的普遍认可，它不应该仅属于一个国家所有，而是人类的共同财富。在新中国成立后的66年中，国家自然科学一等奖一共颁发

过23次，得奖的项目共有32项，其中25项是2000年之前完成的。可以说，与我们今天的条件相比，这25项影响世界的科研成果是中国学者在艰难的科研环境下完成的，很多学者背后都有追求真理的感人经历。

陆家羲生前是内蒙古包头市第九中学的物理教师。1965年，陆老师在世界上首次解决了组合数学领域的难题"寇克满问题"，而后他却经历了退稿和无处发表的困境。1971年，当两位美国数学家公布了他们解决"寇克满问题"的结果时，已晚了陆家羲6年。陆老师并没有为此而埋怨，他依然在艰苦的生活条件下和繁重教学任务之余，开始了对另一个世界数学难题的求解。与此同时，还有我们熟悉的两位中国学者——陈景润和冯康，他们同样在极其艰难的环境下孤军奋战，默默地做着引领世界的科研工作。他们也是20世纪国家自然科学一等奖的获奖者。1979年，陆家羲将他完成的"不相交斯坦纳三元系大集"的结果投到美国出版的世界组合数学方面的权威性刊物《组合论杂志》，并于1982年正式发表。国际组合数学界的评价是："这是二十多年来组合设计中的重大成就之一。"1983年，陆家羲积劳成疾，英年早逝，年仅48岁。时任中国数学会理事长的吴文俊先生在了解到陆家羲的真实情况之后写道："对陆家羲的生平遭遇、学术成就与品质为人都深有感触。虽然后来社会上对陆家羲的巨大贡献终于认识并给予确认，但损失已无法弥补。值得深思的是，这件事要通过外国学者提出才引起了重视，否则陆家羲可能还是依然贫病交迫,埋没以终。怎样避免陆家羲这类事件的再一次出现,是应该深长考虑。"1987年,陆老师的妻子代表他接受了国家自然科学奖一等奖。

陆家羲的经历不禁让我们想起了德国哲学家费尔巴哈(1804—1872)的名言:"你知道,真理不会头戴皇冠地来到这个世界上,它不会在敲锣打鼓声中,在鲜花与掌声中到来,它总是在偏僻的角度里,在哭声与叹息声中诞生。你知道,经常受世界历史浪潮冲击的,总是一些普通人,而绝不是那些高官显爵,因为他们高高在上,太显赫了。"

2000年之后,国家的经济进入了高发展期,我国成了世界上科研经费增长最快的国家。但从国家自然科学一等奖得奖的事实看,能够影响世界的并有突破性的工作越来越少。为什么国家投入大了,成果反而少了呢?这和我们国家奖励机制的变异有密切的关系。奖励机制的变异严重地影响着中国的人才培养机制。我们认为,奖励机制的变异其实也是对钱学森"为什么我们的学校总是培养不出创新人才"这个世纪之问的一个答案。

四、倡导优秀的奖励文化并建立公平和严格的评奖机制

奖励不但反映一个组织和国家的价值取向,还反映其文化。中国奖励的异化不但是机制的不完善造成的,还因为奖励文化的

缺失。长期以来，我们实行的是计划经济，一切都由政府操办，包括学术评价在内。由于政府掌握的资源太多，又将评奖结果和资源分配结合了起来，于是获奖就起到一个强势的引领作用，这样的结果不但大大扭曲了奖励的初衷，也对奖励文化造成了伤害。我们必须努力让奖励回归其本质，只有这样，每个公民、专业人士或组织才能安心并富有激情地从事他们想做，同时又对人类和社会有益的事。这样，才能激励大家发挥聪明才智，创造出更多有价值的东西来，让我们的社会更加文明和不断进步。

（2015年3月2日）

学会如何开会

学会（society）似乎就是为会议而生的，其主要工作就是开会：报告会、研讨会、工作会、评审会、会员代表大会、理事会等，不一而足。但纵观中国的各种会议，开得好的却不多。单就涉及决策的工作会议而言，时下国人都知道美国人罗伯特写的《议事规则》（*Rules of Order*）[1]，但真正开起会来，却不知道如何使用书中所列的规则。

一、开会的问题

目前中国开会的问题很多，主要有如下几个方面：

（1）会议成了冗长的信息通告会。只有个别人在作报告，没有互动，也没有需要表决的事项。

（2）会议人数达不到表决的规定人数。在这种情况下，要么什么也不干，要么由少数人说了算。

（3）开会方式不合规范。重要事项不在会上严肃讨论和表决，而只讨论鸡毛蒜皮的小事。

（4）准备不足。议题不明确，材料不充分，结果不收敛。我曾参加过一个CCF专委的工作会议，几十号人从全国各地聚到一起开了两个小时的会，唯一形成的结论是：会后通过邮件再继续讨论。

（5）发言冗长，会议超时。

（6）利益相关，自说自话。会议决定和参会者利益相关的事，比如有的学会理事会换届时，成立一个所谓的"主席团"来决定理事长、副理事长和（常务）理事候选人，而主席团成员统统都成了候选人（等额选举）。这是目前许多学会常使用的方式。

二、如何开会

（1）应对会议形式进行设计。学会常见的工作会议一般分为三部分：报告部分、表决部分和（开放式）讨论部分。

报告部分。就是传递某些重要信息，如近期工作进展情况、上次会议做出的决议的落实情况，等等。报告部分要报告与会者关心的重大问题，且要简明扼要，绝不能无病呻吟，啰唆拖拉。

表决部分。这是会议的核心，要就本组织的重大事项做出决议，这涉及未来这个组织的方向和行动。对于准备不充分的议题，要么草率表决，决策质量不高；要么搁置，使得一个重要议题不能落实；要么讨论过长，拖延会议进程。

表决时参会人数达到规定门槛是会议召开的必要条件，否则所做决议都无效。一般地，参会人数至少应达到三分之二。表决有几种形式：第一种是举手表决，可公开的、并不敏感的议题均可采取这种方式，主持人的主持话语也是有严格顺序的，"同意的举手""反对的举手""弃权的举手"，绝不能"缺斤少两"，也不能颠倒次序；第二种是当参会人少的时候采取的唱票形式，即主持人一一询问参会者的意见；第三种是无记名投票，关于人事的表决或不便公开表态的敏感性话题，则可采用这种方式。有的会议采用鼓掌通过的方式进行选举或表决人事聘用，这是完全错误的。

对于选举或人事任命的表决，必须收敛，即必须有结果。一般而言，超过半数就是通过，等票时可以授权一人裁决（事先规定）。对于事务的表决，有时规定同意票数超过半数即可，有的重要事项则规定同意票数必须达到或超过三分之二。当同意票达不到规定票数时，则该议题被否决或搁置。对于人事的确定，分选举和确认两种。人事任命属于立法机构对提名的确认，候选人是等额的，而对于开放式选举，则应是差额的。差额选举给选举人（会员）足够的选择空间，而等额选举是不存在选择的。有人认为选举时同意票数需要达到三分之二，这是缺乏常识的表现。

讨论部分。就一些不一定做出决议但又很重要的议题进行开放式的讨论，这种发散性的讨论对这个组织未来的工作方向是有意义的。

三种形式张弛有致，不但会使会议开得卓有成效，也会使会议内容富有变化,生动活泼。

（2）充分准备。会议成功与否与准备工作密切相关,七分准备,三分开会。准备工作的重点是表决部分,提出的动议要有材料支撑,方案要事先经过酝酿,征求意见,重要的议题还要先开预备会讨论。CCF在2008年换届以前,围绕治理架构的改革和选举办法开了数次小规模会议,达成基本共识后,提交会员代表大会审议表决就非常流畅,顺利通过。CCF现有常务理事33人,为提高会议效率,常务理事会选择9人先开小会讨论,以使得提出的方案尽可能完善。

准备工作首先是设计议程。议程的设计非常关键,如果议题太大太多,超出一次会议可容纳的体量,则不行。相反,如果开会讲的是一些轻描淡写的小事,则丧失了会议的严肃性。

对于要表决的议案,要保证尽可能收敛,不收敛的议题可暂不提交会议表决。待表决的议案需要有文字材料供与会者预览,且尽可能事先发给与会者。对于人事表决,不但要提供被提名人（候选人）的详细材料,且本人也要到场,必要时回答表决人的问题。

由于理事会并不常开,出于时间紧迫的考虑,有时也采用通讯方式表决,但这仅限于不重要的议题,凡重要议题和重要人事的确定均不可采用通讯表决的方式。

（3）限时发言,保证效率。充分讨论是通过高质量决议的保证,但效率起见,必须限定每个议题的总体时间,也要限定每个人的发言时间。发言者要观点鲜明，清晰简洁，如无不同意见，可响应"同意"。

（4）会议的主持人及权力。会议开得好不好和主持人关系极大。主持人要保证会议所讨论的议题是事先安排的，与议题不相干的事情不允许在会议上讲，也不允许任意发起一个新的议题，除非经过会议表决同意增加。为了把控会议，主持人有权在任何时候打断发言人的发言并限制发言次数。如果与会者没有提出颠覆性的和普遍性的问题，主持人在适当时候可宣布终止讨论，转到下一个环节。主持人需要两大工具：计时器和法槌（锤或铃）。

（5）会议人数。并不是开会的人越多，做的决策就越正确。对于决策性的会议，人数规模宜在20人以内，这是与会者可以随时参与讨论且可以保证会议时间的较合适的规模。ACM和IEEE-CS的理事会规模都在20人以内，但中国社团的常务理事会规模通常在40人以上，理事会则几倍于常务理事会的规模。这样的建制不是为了开会，而是为了戴一顶理事的"荣誉"头衔。

（6）会议的地点、空间及时间留白。如条件允许，（常务）理事会会议可安排在环境好的非工作场所，比如酒店。从空间上和工作场所分开，这样开会比较放松和自由，会更有效率。有的公司常常把高管会安排到风景秀丽的地方召开，也是出于这样的考虑。会议室除桌椅外，应留有足够的富余空间，如三分之一的空间，过于局促的会场会使人感到压抑，影响会议效果。会议须安排会间休息,除了可以使与会者休整之外,这种时间上的分段还会给与会者留有非正式的交流时间,往往也有利于结论的达成。

(7)会议记录(recording)和纪要(minutes)。重要的会议要录音或录像,作为档案保存。无论何种会议,必须撰写会议纪要。要特别注意,纪要不同于记录。纪要内容包括时间、地点、参会人、主持人、讨论的议题和结论,纪要只记录结果,不记录过程。纪要起草后,要经所有与会者修改或确认。会议往往涉及立法、重大事项决定和人事任命,所以纪要的撰写非常重要。会议纪要必须完整、精准和简洁,不能随意发挥和修饰。纪要的起草人不但文笔要好,更重要的是归纳能力和理解力要强。

开会是学会绕不过去的工作,看上去容易,实则很难。开好会不但能大大推动学会的工作,也会使参会者感到愉悦。反过来说,一个优秀的学会,其会议必定是规范、高效和有趣的。

学会开会!

参考文献

[1] 亨利·M.罗伯特. 议事规则[M]. 王宏昌,译. 商务印书馆,1995.

(2018年1月)

❖ 我心向往——一个科技社团改革的艰辛探索

如何演讲

演讲就是演讲人把自己的想法告诉别人，影响听众的思想，进而影响听众的行为。除了传达信息外，演讲还传达情绪。

学会的主要业务是开会，开会就要说话，就要演讲。不管是从事什么行当的专业人士，他必须常常和人交流，还要在公众场合演讲。没有沟通就没有融合，也没有合作，所以演讲是从事专业工作的基本功课，甚至是每个人的一门功课。

好的演讲不但可以改变他人的思想和价值观，还可以改变一个人的人生轨迹，甚至改变世界的格局。丘吉尔在二战时期的演讲唤起了英国议会议员和民众的斗志，鼓舞他们决不屈服于德国法西斯的侵略，宁可战死也决不投降，最终团结全国上下，进而构成世界反法西斯联盟打败了德国侵略者。马丁·路德·金的名为《我有一个梦想》（I Have a Dream）的演讲，唤起了多少民众的觉悟，起到推动废除种族隔离制度的作用。毛泽东在莫斯科接见留学生时的演讲《世界是你们的》，坚定了无数中国青年努力向上、为国效力的决心和信心。听好的演讲不但可以汲取优秀的思想养分,还是一种享受。而那种枯燥乏味的、没有思想和情感的、言不由衷的假话不但浪费听众的时间,还让人厌烦。遗憾的是,在日常会议中,听到让人眼睛一亮、能够让你记住的演讲的情况却并不多见。

引不起别人的兴趣,听众注意力分散主要是演讲不好所致,主要原因是:中心不突出,演讲人不知道到底想告知听众什么,或者搬来一些概念性的词汇,看上去高大上,但不知所云;演讲组织混乱,没有逻辑性,语言不生动;演讲时坐在椅子上念稿子,四平八稳,没有对听众情绪的调动;不正确使用幻灯片(PPT),每页的文字太多,好像是把文件搬到了PPT上;演讲超时,演讲者不顾程序的安排想多占演讲时间的便宜;等等。

一、演讲的场合和分类

授课。老师上课就是一种专题演讲,但不是一个人唱独角戏,而是带有互动性的演讲。学术会议前的技术讲座(tutorials)也和课堂演讲类似。

学术报告。这是学术界常见的演讲。在一个学术会议上的主题报告是最重量级的报告,是一种主旨或"定音"报告,一般为40分钟。邀请报告是受主办单位特别邀请,比主题报告重量级略轻的报告,一般为30分钟。专题论坛报告是就某个专题(技术)问题展开研讨的报告,这种演讲直奔主题,一般为15

分钟。圆桌会议（panel）则是一种节奏更快的阐述观点的报告形式，开场的演讲不超过5分钟，讨论过程中的每次发言一般不超过3分钟。

集会演讲。每次集会都有特定的主题，演讲人可从不同角度围绕主题展开演讲。联合国大会演讲、国会演讲、毕业典礼演讲、竞选演讲都属于这类。这种演讲要阐述鲜明的观点，要讲意义，讲故事，进而影响现场的听众。

应景演讲。一种特殊仪式上的演讲，比如开/闭幕式演讲、婚礼上证婚人的演讲、获奖仪式上的获奖感言、毕业典礼上的演讲、追悼会上的追思等，都属于应景演讲。应景演讲不是"应付"演讲，它是演讲人以某一角色阐述对当事人或正发生的事件的一种态度，对于渲染气氛、调动情绪也非常重要。

二、演讲技巧

（1）主题要鲜明。无论演讲多长，都要围绕一个主题展开，而不是东一榔头西一棒槌，让听众不知所云。

（2）"对症下药，看菜吃饭"，根据听众的诉求展开。即使是一篇好的报告，如果选错了对象，效果也可想而知，"对牛弹琴"指的就是这个。演讲者在演讲过程中要不断观察听众的情绪，如果听众的注意力分散了，可能是跑题了。

（3）开好头。好的开头就是成功的一半，要用几句话就把听众吸引住，让听众非常期待下面的内容。开头可以是一个故事,可以是一个警句,可以是一个提问,也可以直截了当阐明自己的核心观点,等等。前面提到的马丁·路德·金的演讲以警句开始,毛泽东的演讲以"悬念"开始。讲者的背景由主持人介绍,演讲者开场时的自我介绍则是画蛇添足,有自吹之嫌,所以一定不能自我介绍。也不能故弄玄虚,"本来不想来,但是……""我对此事根本不懂,但他们还是邀请我来说说……",矫揉造作,忸怩作态,让人生厌。

(4)要讲出个性化的故事。凡是人都喜欢听故事,但这个故事不是给小孩子们讲的故事,而是围绕你要讲的主题,作为佐证的故事。故事的背后是事实,是情感,这是最容易打动人的。美国总统在国会演讲时常拿越战老兵说事,表达了总统重视"美利坚公民"这一主题。如果故事是演讲者自己亲历的,那就更有说服力。

(5)表达出你的激情和热情。人的决策主要是靠情绪(emotion)而不是理智,所以在演讲过程中,始终都应该充满激情和向上的情绪以感染在场的听众,进而达到传递演讲人思想的目的。

(6)使用通俗而生动的叙述性语言,切忌使用生僻、拗口的词汇,特别是中国诗词、文言文的引用。要知道,听众并不具有那么多古文知识,除了会让听众认为你卖弄文采外,没有什么作用。人所共知的寓言、成语等语言简练,可以起到画龙点睛的作用。

(7)警句会让人印象深刻。如南非前总统曼德拉说的"对年轻人的投资就是对未来的投资"（Our investment in young people is our investment in the future）就是富有哲理、脍炙人口的警句。

（8）演讲时的手势或体式语言。演讲时可适当利用手势和体式语言以加强所讲的内容，比如朱镕基总理的演讲就总给人一种有力量、敢担当的感觉。演讲时可以在舞台上走动，以照顾到不同位置的听众，但走的幅度不可太大，速度不可太快，否则听众的眼睛太累。坐在讲台上念讲稿恐怕是最差的演讲了。

（9）正确使用PPT。幻灯片可以将语言难以表达的内容展示出来，如图、数据、照片、场景。为了提示听众现在在演讲什么，可以给出演讲提示，但切忌文字过多，把听众的注意力吸引到"阅读文件"上是一个错误。一般地，一页PPT的文字不超过8行，不能用红色的字体。要图文并茂，有时以图代文，如"技术、娱乐、设计"（TED）就是这种演讲方式。有时以文带图，学术会议上的演讲大多是这种形式。

（10）守时。必须按给定的时间完成演讲，切不可超时，任何超时不但会拖延程序进程，还会引起听众的反感，得不偿失。一次在北京举办的关于教育问题的研讨会上，一位中学女校长发言超时30分钟，惹得听众以非常苛刻的问题刁难她，后来她居然委屈地哭了。有时，偶然"合理冲撞"拖延30秒，主持人或许不会"翻脸"（主持人如何利用手中的"法槌"控制时间是另一个"如何主持"的话题）。另外，如果事先有安排（特别是技术研讨会），要有提问时间，演讲者要随时准备接受听众的提问,通过提问互动进一步阐明听众关心的话题,丰富和深化演讲的内容。在国外演讲,没有人提问常常是一件让讲者尴尬的事。

(11)准备,准备,再准备。无论多资深的讲者都必须事先精心准备,还要排练,听听有些词汇是否顺嘴,时间控制如何,切不可轻敌上阵。

三、演讲中需要注意的问题

(1)要开门见山,不讲不重要的信息和琐碎的故事。兜圈子演讲和过度关注细节会使演讲失色,达不到演讲效果。

(2)不能哗众取宠。有的演讲人提高嗓门鼓动听众为自己鼓掌,是不可取的。如果你演讲得好,听众有共鸣,自然会报以掌声。有人在演讲前向听众敬礼,也不可取。

(3)避免口头禅。"然后""那""那么"之类的口头禅都会降低演讲的感染力。一种可取的方法是把自己的演讲录下来听,你可能会觉得可笑,可是殊不知大家已经"可笑"了你多次了。

(4)不做广告,也不要自我介绍。有人喜欢借演讲的机会给单位或个人做广告,这是犯大忌的,表面上好像是推广了自己或本单位,但实际上,人家认为你是小儿科,给人留下负面印象。真正懂行的公司派技术人员或高管出来演讲,从来不做硬广告,但所讲的内容让人佩服"这公司真厉害",这比硬广告效果好多了。

（5）不能坐着讲。坐着讲不但不提气，也不能充分使用体式语言，还显得对听众不尊重。除非你身体不便，否则不要坐着演讲。

演讲固然需要技巧，但背后体现的是演讲者的思想，如果没有思想，再"生动"的演讲也不过是"口技"表演而已，过后不会给人留下什么印记。演讲是实践的艺术，需要不停地练，只靠课堂是教不出来的。

（2018年2月）

靠分部把会员黏住

CCF会员活动中心(简称"分部")年度主席工作会议刚刚在上海结束,会议交流了一年来各分部开展活动的情况,对未来如何搞好分部工作进行了深入的讨论,与会者普遍反映收获颇丰。

CCF分部始创于2012年10月,经过近5年的努力,目前已有28个城市建立了CCF分部,覆盖了北京以外地区学会会员数的70%以上。分部在新会员发展、已有会员资格存续、组织会员参加总部的重要活动、将总部的资源分发到地方等方面发挥了非常重要的作用。对于学会而言,分部是一个新生事物,经过几年摸索,许多分部的工作已经开展得有了模样,积累了一些宝贵的经验。

分部是按照地域(城市)而设立的,主要是方便会员间的互动交流,是总部连接地方会员的节点。如果没有分部,会员除了参加专业性的活动外,只能和总部单线联系。随着会员数量的增多,仅靠总部和会员的"Server-Client"模式就显得很不现实，会员间没有亲密的物理接触，之间的网络协作关系也很难形成。当然，如果学会没有会员，或者会员很少，创建分部也没有必要。

学会有34个专委，是按不同专业领域跨地域构建的。而分部和专业委员会不同。分部按地域构建，不按专业来划分。所以专业化不是分部的本质。那么，分部靠什么而存在？

一、分部的优势

在这方面，国外一些同类组织已经有相当成功的经验，如德国计算机学会（GI）就主要靠分部（chapter）开展技术交流，满足会员的技术需求。IEEE和ACM在全球（包括在中国）设立有众多的地域机构（分别称为sections和chapters）。分部有哪些优势呢？第一是地域优势，由于会员同属一个城市，可以做到"召之即来，来之能战"，非常便捷和快速。第二，开展活动及会员间互动成本很低，一般半天或者一个晚上足够，还可以做到高频度。第三，由于是物理的接触，更容易深入了解彼此，并结成紧密的线下网络关系。第四，分部组织结构扁平化，活动开展多元化，会员更容易获得组织和参与活动的机会，因此，分部是让会员"表现"的极佳平台。第五，对当地情况有深入的了解，便于和当地产业界、学术界以及政府部门建立密切的关系，并可成为政府的智库。分部既可成为"承包方"，找准地方的需求，也可以成为和总部以及其他分部协作完成任务的"发包方",如宁波分部通过和宁波市计算机学会的无缝合作,计划建立宁波市政府的智库。

二、分部的经验

经过几年的摸索,分部已经积累了一些可以借鉴的经验和优秀案例。我们发现,学会的"休眠"会员(即只交会费不参加活动)还不少,学会没有充分调动起会员参与活动的积极性,这样,会员的意义就大打折扣。于是,一些分部提出了"唤醒沉睡的会员"的口号。由于总部组织的活动很难满足各类会员的不同需求,出现"休眠"也属自然,其原因不在会员本身,而在于学会。如何"唤醒"这些会员,是分部的一个非常严肃而重要的课题。因此,"分层管理和服务"非常重要,它能让不同的群体在其感兴趣的活动中互动。多元化和多维度的服务大大增加了当地会员的参与度,这就是分部的优势。广州分部通过春节期间网上"团拜"活动,不仅激发了会员们的参与热情,还发展了很多新会员。此外,广州分部联合YOCSEF在广州通过"技术选秀"等活动让会员充分表现,做到线上和线下打通。其实,让会员"表现"就是对会员的服务。找准需求进而设计服务产品是一件很有挑战性的工作,重庆分部计划进行需求调查,进而写成"会员需求白皮书",根据需求设计产品。成立分部需要当地的会员达到一定数量,而这正是分部最宝贵的资源。通过单次或全年"批发"会员,可以换来资源,保证活动开展时所需要的经费,无锡分部的做法就是一个非常好的案例。分部的委员和执行团队为会员提供了大量的参与治理和组织活动的机会,而且通过公开竞选等活动让会员接受民主的理念和治理方式。

三、分部的问题和难处

尽管不乏好的经验,但是我们通过分部主席会议交流发现,不少分部开展工作还不得要领,最关键的是不知道开展怎样的活动才好,于是往往满足于"动一动",也有"贴牌"现象,活动引不起会员的兴趣。即便是一些活动开展得好的分部,一年中会员人均参加活动频次也还达不到一次。设计"适销对路"的产品是分部开展活动时的首要问题。其次是缺乏资源,不知道从哪里获得开展活动所需的经费和其他资源,缺乏商业思维。再次是"大水漫灌",开展活动时不区分会员和非会员,没有让会员感受到作为会员的荣誉感和优越感,无意中伤害了会员,自然,也会挫伤会员参加活动的积极性。最后,组织开放度不足,有的分部在换届选举前召开"预备会",以会议的名义确定下一任主席候选人,并和"选民"打招呼,这相当于是某些人在内定未来的主席。这种"山头主义"自然产生了非常负面的影响,对学会的民主机制伤害很大,会员很有意见,凝聚力涣散可想而知。总部在发现这些问题后，对相关分部已经采取了相应的措施。

四、如何才能搞好分部

就像不容易搞好专委一样，搞好分部也是一件极具挑战性的工作。尽管其性质、对象和其他机构有所不同，但道理相同，如果深谙其道，搞好并不难。

（1）精心设计符合会员需求的产品。这就要基于对会员需求的调查。会员分若干层次，如本科生、研究生、教师或学者、企业技术人员、政府官员等，他们的诉求不同。分部可组织的活动类型有：

1）面向企业技术人员的系列讲座；

2）面向大学生（包括高职、高专生）的讲座和辅导；

3）会员间的互动（增进了解和合作），如技术秀节目、年度会员日等；

4）技术和人才输出（可和企业互动，将技术和高校毕业生输出到企业）。

如何卖出门票是对活动组织者的考验，如果一款产品不能"叫座"，没人愿意付钱参加，那么这款产品就是失败的。诚然，盈利多少不是目标，但没有商业思考，"产品"（活动）就不会设计和组织好。会员的力量是巨大的，通过组织活动"批发会员"必定产生出影响力和相应的商业价值。对于会员，要处处体现他们的优先度,会员参加活动要明显优惠甚至免费。要严格区分会员和非会员(这是对分部工作进行评价的重要内容)。关于商业运作,我此前已有详细论述[1]。

(2)要有系列化活动和树立品牌。活动要有系列性,且有一定频度和力度,不断出现才能形成品牌。此外,还要起一个鲜明响亮的名称,如现在就有"太湖论坛"(无锡)"湘江论坛"(长沙)"中原论坛"(郑州)等。"打一枪换一个地方"的做法不会形成影响力,而"贴牌"(把人家的活动"贴"成自己的)的做法就更不可取了。

(3)用众包方式开展活动。分部的地域和扁平化优势可以让会员广泛而深入地参与活动的全过程,会员可以策划活动(编剧)、组织和实施(导演)、演讲(演员)、推广(市场营销)以及参与其他相关工作。

(4)建立好上通下达的节点。充分利用总部和各分部的资源,做资源的"分包商",如总部的"CCF走进高校"、奖项推荐、组织参加活动、作为当地政府的智库,等等。

(5)激励与表彰会员。对于为分部做出贡献的会员,分部给予表彰和激励,让会员感到有成就感和荣誉感。让会员选举领导机构并对分部的工作加以评价,也会增加他们的参与感。

问题已经摸清,成功已有先例,CCF分部工作需要进入2.0阶段了。只要从"会员为先"的思维出发,就一定能设计出并组织好让会员有收获并且满意的活动。只有会员充分互动,学会才会真正发展。

参考文献

[1] 杜子德. 社团的非营利属性和商业化运作[J]. 中国计算机学会通讯, 2017.13(3): 92-93.

(2017年6月)

❖ 我心向往——一个科技社团改革的艰辛探索

社团中的志愿者

一、志愿者是社团的一种特性

与企业不同，社会团体（本文中更多指学术社团或学会）作为非营利机构（Non-Profit Organization）的一个显著特征是志愿者（volunteer）治理与服务，这是由社团的本质属性所决定的：（社团是）由某一领域的专业人士自愿结成的组织。这就说明，社团的成员要自己服务自己。

什么是志愿者？通俗地讲，就是干活不拿钱，但一般而言，志愿者更特指那些有一定专业技能并在一个有组织的团体中服务的人。

像CCF这样的学术社团，治理（决策）是靠志愿者（会员选出的代表），专业性的服务也是靠志愿者（会员），所谓"by the Membership"（会员治理）。一个健康的、生机勃勃的、有崇高价值追求的社团必然会吸引大量的志愿者为其服务。

学术社团的大部分工作和学术有关，这就要求从事学会工作的志愿者有较强的专业技能（学术方面的和组织方面的），而其会员正好具备这样的特质。让会员从事志愿者工作，不仅节约成本，更是专业服务的要求，同时也是会员的一种权利。另一方面，志愿者（会员）通过为其所在的学会服务可以得到其他会员的认可，提升在学术共同体中的威望，有成就感和荣誉感，还可以提高自身的能力。

二、学术社团需要什么样的志愿者

学会的志愿者工作有两类：一类是专业类或学术类，包括学术交流、学术评价、继续教育、本领域发展和展望报告、科学传播、科技政策谏言等；另一类是参与社团治理和组织活动。

专业方面的服务有演讲、评价、撰稿、审稿、科普、培训等，志愿者必须具备相当高的专业水平方可胜任此类工作。这些志愿者是学会最主要的学术服务提供者，也是学会最重要和最宝贵的学术资源，经营学会实质上就是经营这些人。一个学会的水平高低、影响力大小一定程度上取决于这类人的多少以及这类人的作用发挥得如何。在理事会、监事会、（总部）执行机构及分支机构中任职属于社团中的治理服务，而学术活动的策划、组织、实施、推广、营销、融资等属于社团中的组织服务或商务服务，这种服务能力也称作运营能力。学会必须把学术资源设计成产品并以适当的商业模式推销出去，保证生产该"产品"所需要的资源（经费）。两类服务缺一不可。

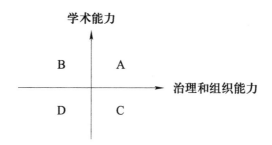

四类志愿者

两类服务所对应的能力构成四类志愿者。

A：学术能力和运营能力均很强。这种人有很大的学术贡献和很高的学术声望，有很强的治理和组织方面的才能，还有很强的社会责任感和远见卓识。他们在学会工作的动力是期望通过所在学会团结同行，推动专业的进步，进而改变社会。所以，这种人能持之以恒地投入学会工作且不计较个人的得失，特别是不在乎个人在学会的任职和荣誉。这种人是学会的精英和中坚力量。一个学会往往靠这群人推动和发展，以及维持学会的和谐和稳定。

B：学术水平高，但在治理和组织方面参与度不高，或许是没有兴趣，或许是并不擅长。对于这种人要"宽容"，要充分发挥其"名演员"的作用，让他们在内容上多贡献，而不是让其担任"导演"或"舞台监督"的角色。这种志愿者也很宝贵，他们是要被"经营"的优质资源。

C：学术水平虽然不是很高，但在学术活动的策划、组织、商业运营方面能力较强，可以利用他们的商业能力把学会的学术资源盘活。在学术社团中，这类人比较稀缺。

D：这种人既不擅长学术方面，在组织方面也没有特别之处，则只能当一般的"听众"了。当然，如果能成为A和B的"铁杆粉丝"，对学会也是一种贡献。

在上述几类志愿者中，还有志愿者精神强和弱之分。有一种人，学术水平高，也有治理能力，但有时抱着"多一事不如少一事"的心态，故参与度低。还不能简单地将这种人归结于消极或"觉悟低"，他们自视很高，常常以很高的标准要求"领导"他的人，与谁共事常常决定这种人在社团中的心态和参与度，因此，谁当"头"对这种人就显得非常重要。此外，对这种人要多分任务，多激励，多沟通。具有极强领导力和公信力的社团（包括分支机构）负责人是学会凝聚精英并保证学会发展的必要条件。

三、志愿者的发现和遴选

一个学会有众多的活动，也有众多的组织机构，这就需要大量的能胜任工作的志愿者。找到优秀的志愿者是一件非常不容易的事。发现志愿者一般有两种方式。

（1）开放式选举制。即开放式地自荐、推荐和提名，产生足够数量和高品质的候选人，然后由选举人（会员）选举。要相信会员（选举人）的判断力，如果没有外界的干扰且获得的关于候选人的信息是全面和完整的，选举人是能够选举出他们认为优秀的志愿者领导人的。这就是开放式选举最重要的原因。

（2）遴选。工作机构（如工作委员会）的成员不是通过选举而是通过遴选直接任命的。因此，任命者对遴选对象的了解和判断就很重要。一般地，对这些人的考查主要是通过其在业界的口碑、对社团的贡献以及相关人对其的评价来完成的。这样，会员在学会中通过各种服务渠道"表现"就很重要，因为有出色的表现就会获得更多的做事机会。

四、志愿者的管理和培训

仅发现志愿者还是不够的，还要管理好志愿者并使其通过在学会工作提高能力。所谓管理，就是把志愿者放在恰当的位置，明确其承担的职责和义务，告诉其要达成的目标。有人认为，既然是"白干"，那就不能要求太高，干到什么程度算什么程度。不行！即使是志愿者，也必须明确任务，也要进行考评。在CCF，每年都有对专业委员会、会员活动中心的考评。

大部分会员志愿者对运营和管理并不在行，因此，除了对志愿者进行考评外，对志愿者进行培训也显得非常重要。一类培训是关于组织规章和做事的程序及约定的，另一类是技能性的。技能方面的培训主要有如下几方面。

（1）领导力。领导力就是让别人完成任务的能力，包括对任务本身及其意义的清晰定义,清楚达成目标后的状态,激励成员,协调成员间的工作,对于完成任务过程中的问题及时给予帮助。领导力是非常重要的能力,在学会,有这种能力的人非常稀缺。

(2)演讲。演讲对于学者而言是家常便饭,但对于不同的对象选择恰当的演讲内容却并不容易,讲者和听众充分互动以便达到演讲目的是对演讲的基本要求。在规定的时间内演讲完,特别是几分钟内要抓住听众,这对大多数演讲者而言是一项极具挑战性的工作。中国的大学课程里没有演讲训练,客观地讲,大多数演讲者还缺乏演讲训练,因此在感染力方面还存在不少问题。

(3)会议主持。会议主持人要善于加热(warm up)会议,在演讲者和听众之间很快建立起桥梁。对于圆桌(panel)式的会议,紧紧把控会议的主题并控制发言时间是非常关键的。这一方面,不仅要培训,更要练习。

(4)营销和融资。学者们不善于谈钱,更反感"产品"和"营销"这样的词汇,但是绕不过。融资不是简单的"要钱",而是深刻了解产品的价值并和对方交换,融资的过程本质上就是推销产品的意义并和合作方交换的过程。

让一个学者具备如上能力似乎有点过分,但这些能力在完成任务的过程中是必需的。培训师来自学会内部和专业培训机构两个渠道,如果会员中有在某方面特别擅长的,邀请其作为培训师最好不过,否则就要聘请商业机构的专业人士担任培训师。

五、志愿者的奖励和惩罚

只要有任务就要有评价，有评价就要有奖惩。对社团志愿者的管理不能像在公司那样采用升降级、加薪或除名等刚性的方式，而应更多地采用柔性的激励和惩罚机制。对于贡献大的优秀志愿者，激励的方式多种多样，如下的方式均是有效激励：给予更多的做事机会，在学会的媒体上进行表扬，晋升会员级别，使其当选为一个机构的负责人，等等。此外，还可以通过学会设立的奖项公开表彰，如CCF"杰出贡献奖""卓越服务奖""杰出演讲者""优秀会员"以及常务理事会新设立的"CCF Spirit奖"都是激励的好方法。但是，对于不能完成任务甚至给学会造成声誉或财务方面的损失的志愿者，学会的惩罚办法相对较少（违反学会学术道德规范是另外的事）。除了对使学会遭致重大损失的志愿者给予显式的惩罚外，有一个法则在社团比较有效：惩罚一个人最好的办法就是剥夺他的机会。

在中国，"志愿者"这三个字还是一个相对稀罕的名词，因为中国没有这样的传统，在各种晋升的条件里，也没有"做志愿者"的要求，这就使得社团成员对公共事务（相对于个人，社团或社区事务也是公共事务）并不太关心，也没有一套招募、培训、考核的办法。在西方有些国家，如美国，每一个申请上大学的中学生都要求填写从事志愿者工作的小时数，用人单位还要提供评价意见。对于在高校任教的教师和在公立机构从事研究的人员，也有要求义务服务社区（包括所在院系）的规定，如果一位教师在一个学术社团担任职务，有时还可以减少学校的一些工作量，目的就是鼓励教师从事社会服务工作。在这方面，中国还有很长的路要走。

希望中国早日形成良好的志愿者文化。

（2017年8月）

关于分支机构

学会总部做的是宏观把控、协调和服务，开展活动的主力军应该还是分支机构。但是，分支机构如何管理和运营，分支机构内部的活力、规范、活动的组织、和总部的关系等，都是需要关注和研究的问题。

在CCF，分支机构主要指专业委员会（专委），会员活动中心、YOCSEF和学生分会等从广义上讲也可以称为分支机构（branches）。不过，CCF关注最多的还是专委，因为专委是开展学术活动的主体，如果专委不行，则会直接影响到学会对会员及业界的服务、学会的影响力和经营能力。应该说，专委的问题是最大的，也是最难解决的，而长期以来，总部和专委的关系是一对矛盾，专委总有一种向外的张力（但不是独立），喜欢自行其是。不过，现在已经大有好转了。YOCSEF在中国是一个创举，其定位和组成机制与专委不同，相比之下，更有活力一些。

❖ 我心向往——一个科技社团改革的艰辛探索

关于专委发展的一些思考

专业委员会（简称专委）是CCF的分支机构，是学会开展学术活动的主体。经过几年的改革和发展，专委工作已经取得了长足的进步，但在定位、组织和运作等方面还存在一些问题，有必要对它的属性、组织及运行方式等展开讨论，在取得共识的基础上谋求更大的发展，使专委真正成为学术交流的主要渠道、联系本专业广大科技人员的纽带和为社会进行科技服务的重要平台。本文抛砖引玉，发表一些看法，希望引起大家的广泛讨论。

一、专委是什么

专委是学会为开展工作按学科领域组成的分支机构，专委的功能定位与学会定位在本质上是一致的。过去，中国科协将学会定位于"三主一家"（学术交流主渠道、科普工作主力军、国际民间科技交流主要代表，科技工作者之家）。"三主一家"是我们的奋斗目标，学会究竟是不是学术交流主渠道，是不是科技工作者之家不能由自己说了算，要由广大科技工作者给予评价。2005年，中国科协六届五次全委会议明确提出了学会"三服务一加强"的工作方向（努力为广大科技工作者服务、为经济社会全面协调可持续发展服务、为提高公众科学文化素质服务，全面加强科协组织的自身建设）。"三服务一加强"是对学会全部工作的要求，是学会工作功能定位和社会价值的体现。党的十六届六中全会审议通过的《中共中央关于构建社会主义和谐社会若干重大问题的决定》要求各社会团体发挥"提供服务、反映诉求、规范行为"的作用，依法加强规范管理，切实加强自身建设，提高自律性和诚信度。这些要求都突出了学会为社会服务这一本质特点。

一个科技工作者加入专委，主要不是为个人能得到什么，而是为能更多地服务社会（首先是服务本专业的科技工作者，特别是服务会员）。只要明确了学会和专委的宗旨都是服务，学会内部各层次之间的关系就好处理了。与国外相比，我国学术界的服务意识还比较弱。在美国的大学晋升教授，不仅要看学术水平，而且要看在学会等社团服务方面的贡献。目前学会工作中存在总部与专委配合不紧密等一些问题，其根本原因是参与者对学会（专委）的功能定位认识不到位。

专委作为一个学术共同体，在学术方面是相对自治的，可以自主地开展本领域的交流和研讨，就有关科技方面的问题撰写专题报告和提供咨询，进行学术评价和科普宣传，选举专委领导人等。根据我国的法律，专委不是一个独立自治的社团组织，在行政上不具有独立法人地位。专委从属于它所在的学会，对外不能以法人形式独立运行（如独立经营、签署合作协议等），也不能开设独立的财务账户。

专委是学会的一部分，因而具有学会（社团）的一些属性，如它是开放的，任何符合条件的本专业领域的专业人士均有资格加入其中（CCF规定加入专委前须先加入学会），任何一个成员均有在这个共同体中发表学术观点的权利。专委应该是民主的，每个成员都有表决权、选举权和被选举权。专委内部的议事是民主的，成员经过协商按程序达成结果。

国际社团组织对于专委这类分支机构有不同的组织机制。ACM中类似专委的机构称为兴趣小组SIG（Special Interest Group），SIG可以独立发展会员，收取会费，可以独立经营；IEEE（Institute of Electrical and Electronics Engineers）的计算机学会（Computer Society，CS）的专委称为技术委员会（Technical Committee，TC）。IEEE CS的TC不能独立经营，不能独立发展会员，没有财务权，也没有规则的制定权，它从属于IEEE CS和IEEE。CCF的专委在组织上与IEEE CS的TC类似。

二、CCF专委的历史背景

1985年，CCF脱离中国电子学会，从一个专委上升为全国一级学会。当时的CCF理事会希望把学会设计成类似于IEEE那样的大联合体，因此将"学会"二字翻译成Federation（联合会），而旗下的各个专业委员会的英文是Society（学会）。那时，各专委在对外交往时就自称为学会，有些专委还有独立的财务账户。1998年之前，国家对社团的管理较松散，专委成立较容易，只要备案就可以，不像现在需要民政部批准；专委的英文名称是学会内部的事，也不需要报批。CCF曾经一年内就成立了若干个专委，有几个专委是按照计算机应用领域成立的，如CT扫描专委、体育计算机应用专委、金融信息处理专委等（前两个已被撤销）；有的专委人数很少；既然可以称为Society，有的专委（如微计算机专委）就曾设立了"理事会"，其负责人被称为"理事长"，委员则是"理事"；有的专委（如开放系统专委）成立24年，主任连续任期为6任，从未更换。2004年之前，CCF有近30个专委，但没有一部规范专委行为的条例，学会总部（理事会、秘书处）对专委的活动情况也很少过问。这种松散的管理方式并没有使专委发展得很有影响力，学会（总部）也不能有效整合学术资源，形成像IEEE那样的品牌。过去在很长一段时期内，CCF不太开放，不发展个人会员，专委的成员构成变化很小。当然，上述情况不是CCF独有的，国内不少社团直到现在还是如此。

CCF专委的这种状况持续了大约20年，到了2004年第八届理事会成立后才得到了较大的改善，但有些长期积累的问题到现在还没有彻底解决。

现在看来，想搞一个开放的大联合体的想法是可以理解的，殊不知，联合体（Federation）需要以统一的对外形象、学术资源的充分整合、合理的规则、良好的治理架构和强有力的执行为前提,不能是非常松散的邦联(Confederation)。反观IEEE,它有严格的章程(constitution)和规则(bylaws),旗下的38个学会不可以独立出去"另立山头",举办学术活动、进行出版、拥有财务、制定标准以及塑造对外形象等都必须在IEEE统一的框架下,各学会的活动必须冠以IEEE的名称。

学会是学术性的社团组织,不同于企事业单位,不能照搬公司和事业单位的管理办法。每个国家管理社团组织的法律也不一样,我们不能照搬国外的管理办法。美国IEEE旗下的许多学会对IEEE的较为死板的管理也有不少意见。我们需要共同努力创造适合中国国情的专委管理办法。过去几十年的历史已经证明,各自为政的专委既没有起到学术团体应有的作用,也没有在本专业领域内建立起威信。我们应努力在国家法律规定的范围内发展生机勃勃的专委。

三、专委和学会及会员的关系

专委是学会开展学术活动的基本组织单位,也可以看作学术"产品"的生产单位(从对外服务的角度来看,学术活动可看作"产品"),就像是一个工厂(企业)的生产车间一样,生产出一样产品来,由工厂统一贴牌包装卖出去,而不是由车间自贴标签去卖。

关于分支机构

专委是学会的分支机构,在职能、权限和行为上和学会有区别,理清楚学会和专委的相互关系很重要。

第一,学会(会员代表大会、理事会)具有学会的"立法权",而专委则不具有这种权力;第二,学会活动(产品)的经营权和财务权在学会,学会是包括学会所有分支机构在内的财务核算单位,未经学会(理事会)授权,专委不能对外签署合作协议,不能有独立的财务;第三,学会(总部)应整合学会的所有学术资源,形成统一的组织品牌和产品品牌并加以有效推广和"营销"。在有会员(主要指个人会员)的学会,这些品牌和产品能变成对会员的良好服务,并能吸引更多的专业人士加入到学会中来;第四,学会(总部)应对专委提供良好的支撑和服务,比如(理事会)制定出能促进和规范专委发展的规章,协助推广活动,(为专委)签署合作协议,提供所需的相关文件,寻找举办会议需要的赞助经费,管理财务收支,出版论文等;第五,学会(法人)要对专委的全部行为承担政治、法律、道义和经济责任,它要对所属专委按规则进行管理和评价。

上述规则并不妨碍专委在其专业领域开展活动,专委在许多方面有自治的特点。首先,专委是学术"产品"的生产部门,这些由各专委生产出的"产品"经学会整合包装后可服务于学会会员和其他专业人士;其次,专委领导机构成员不是由学会理事会任命的,而是由专委成员按程序选举的;最后,专委能够在本领域进行独立的学术评价。

根据中国法律,专委不能自行发展会员。但学会会员可以参加任何一个专委的学术活动,且享受更优惠的待遇。专委的学术活动要能够成为学会服务会员的重要内容,就要在策划、内容、组织和营销等方面做好工作,吸引会员参会。专委要主动联系对该专委有兴趣的会员,不断把信息告诉他们。能否吸引会员参会是衡量专委活力的标志之一。此外,专委也要吸引和鼓励会员中优秀的专业人士进入到委员会中来,补充"新鲜血液"。

四、专委的组织架构和层次

专委作为一个分支机构也涉及治理结构问题,可以分层而"治",需要规定好每层的"权力"边界。专委从组织上可以分成若干层次:主任会议(成员包括主任、副主任、秘书长,是非决策机构)、常务委员会(可以经委员会授权按程序决策)、委员会。在委员会外面,可以设通信委员和联系委员。

专委的正副主任、秘书长构成专委的领导机构(称为主任会议),负责对专委的某些事宜进行研究,并将动议提交委员会表决。这些人由全体委员按程序选举产生,有限定的任期或年限。在一个学术组织中,无论某人的学术地位多高,其任期也有严格的限定,因为一个学术组织是民主的,每个成员都有参与治理的权利。主任、副主任等不具有确定下一任领导机构的权力,下一任领导候选人应以开放的方式产生,并由委员以无记名方式进行选举。委员会有时可将部分决策权交给这个领导机构行使,但是权力有限，必要时可以被委员会收回。例如，主任或主任会议不能擅自增补委员，不能指定委员，也不能制定委员会规则等。主任会议对委员会负责。

为提高委员会决策效率，委员会可设立常务委员会（也可称执行委员会），常务委员会是委员会的决策机构，由委员会授权其就某些事项进行决策。因委员会规模不可能无限扩充，有些专委所在领域的专业人士不能作为委员参加专委工作，可被确定为通信委员，也可作为委员的后备力量。

还有一些对专委活动有兴趣的学会会员，他们只是了解或参加专委活动而已，暂时并无进入委员会的诉求或资格，这类人士可称为联系委员，他们是参加专委活动的潜在人员，未来也可能加入到委员会中来。这样，以委员会为中心，向上可以设立常务委员会和主任会议，向下可设立通信委员和联系委员，形成一个多层次的、开放的、有活力的、决策高效的专委。

五、现存问题及改革思路

2004年4月第八届CCF理事会成立后，学会制定了《专业委员会条例》，后又制定了《专业委员会评估办法》，对专委的组建、重组、撤销、专委负责人的选举、专委考评有了一套可操作的规范，专委在学术活动的组织、组织机制和民主办会方面出现了从未有过的活力。但是，历史遗留下来的问题还没有完全解决，制约着学会的整体发展。

学会关于专委的组织机制缺乏完善的规定，专委委员的出口问题没有解决。 现在《专业委员会条例》规定一个专委的最低委员数是40名，但对上限没有规定，对委员的任期或年限也没有规定。这样，委员数每年不断增长，有的专委的委员数超过了100名，召开委员会全体会议成了问题。解决这一问题，有赖于学会理事会修订《专业委员会条例》，规定委员会委员的最低数、最高数、一个委员的最长连续任期（或年限）、每次换选的比例、选举频率等，形成有进有出、大家乐于奉献、活力不断增强的局面。

学会总部（理事会和秘书处）和专委没有形成良好的互动关系。 学会总部对专委提出一些要求并进行考评，但支持较弱；专委则抱怨学会总部对专委要求太多，自由度不够。这需要总部和专委两方面共同努力，首先从观念和制度上入手。应当树立"学会一盘棋"的思想，在学会这棵大树下按各自特点分别组织活动。

专委活动的品牌和影响力有限，没有形成学会的合力。 由于是"各自为战"，专委的资源不足，经营空间有限，学会总部对专委的支持和整合不力，因此专委的影响力乃至学会的整体影响力不强。显然，没有各个专委高质量和有影响力的活动，学会的影响力也是有限的；反之，只有学会有了强大的影响力和很好的品牌，专委活动的开展才更加顺畅，活动也会更加有影响力，这是一个互动关系。

解决这一问题的一条途径是加强学会品牌建设。全方位宣传学会及其活动，不但通过学会活动，还要通过和媒体合作、发布报告等方式扩大学会的影响力。学会的所有活动的名称要规范，要经学会统一包装后宣传推广。2010年1月的CCF常务理事会提出要规范学会分支机构及所有活动名称，这将改变现有状况。

专委的活动需要整体有效经营。根据近期学会对所属30个专委的49个学术活动的调查，23个专委的34个学术活动能做到收支平衡，但没有盈余；6个专委的14个活动有亏损；只有1个专委的1个会议有盈余，这说明专委在经营会议方面还没有找到有效的方法，专委难以"扩大再生产"，更谈不上对学会的财政贡献。发生这种情况有几方面的原因。第一，专委有些人认为，学会是非营利组织，有盈余不符合学会的属性，因此不能有盈余；第二，不懂得如何把会议当作"产品"经营，不知道如何做才能有盈余；第三，没有独立的财务，有钱不知道放什么地方。所以，学会不但要帮助专委经营，还要提供财务管理和经费支持，并使得专委有经费结余，用于奖励、培训、服务等活动，学会总部也可以通过项目的形式支持专委的活动。

学会支撑和服务不够。到目前为止，学会还没有为专委建立起良好的工作平台，如提供会议（投稿、审稿）系统、协助经营会议及会务支撑、财务管理、出版媒介、网站推广等。

学会秘书处正考虑建立统一的学会资源平台——会议（投稿、审稿）系统，提供给各专委举行会议时使用；建立CCF学术资料库，丰富完整资料，提供检索工具；协调CCF所属会刊，以专刊的形式出版专委的会议论文。

总的来讲,最近几年CCF专委的工作有起色,涌现了不少有活力的专委。有些新成立的专委在几年之内就打响了名声。虽然专委目前还存在上述种种问题,但只要发现了问题,大家齐心协力,一定能够找到解决问题的办法,使专委办得更有生气,发挥更大的作用。

(2010年6月)

专委发展的转折点

2010年6月26日,CCF九届五次常务理事会通过了关于"CCF专业委员会组织层次及职能"的决议,学会一个时期以来围绕专委组织层次及职能的讨论可以暂时告一段落,而常务理事会提出的将学会(总部)和专委统筹考虑的思路及具体措施将会使学会专委的发展进入一个新的阶段。

一、从组织上区分不同职能

2004年5月以前,CCF没有个人会员,也没有任何奖项。长期以来,对计算领域专业人士的认可似乎只有两种方式:一是担任学会理事(人数非常有限),二是担任学会专委委员。从2004年,学会开始了包括专委在内的改革,开始发展个人会员,特别是在全学会引进了开放式民主选举,把学术水平高、热心学会工作的专业人士选到专委领导岗位。几年来,专委在组织规范和活力方面都取得了长足的进步。学会一直强调,担任学会理事及专委委员主要是为学会及会员服务,而不仅仅是一种荣誉职务。但实际的情形并不是这么回事,大家还是认为,担任了专委委员就是对学术水平的一种认可。

专委委员在专委是有决策权和服务职能的,但把担任专委委员看作对学术水平的认可,这和委员扮演服务角色之间存在冲突。在专委,委员除参与学术交流外,一个重要职能就是参与专委的民主决策,但这在一个规模达百人的机构中是难以实现的。《专业委员会条例》规定,来自同一单位的委员数不能超过一定数量,这从一定程度上限制了有些非常优秀的专业人士进入专委。但是如果不限制,来自某一单位的成员就会很多,有可能使一个单位在专委形成垄断地位。

把决策交给常务委员会。CCF九届五次常务理事会的决议,把看作学术水平认可的专委委员和具有服务职能的常务委员分开,很好地解决了这个问题。委员作为专委成员,要参加专委的学术活动,为专委的发展做出贡献。而关于专委的重大事务(除选举领导机构和常务委员外),则委托给常务委员会决定。一个规模不超过20人的常务委员会在做决策上也会高效且降低成本,这样通过职能分离就把这个问题成功地解决了。

委员的出口何在。委员有参加专委活动的义务,如达不到最低的刚性要求,就不具备作为委员的资格。每到一届任职期满(目前为四年),委员会"清零",由常务委员会根据委员的学术水平和在专委中的表现确定下一届委员名单，优秀者继续留任。另外，对于服务专委多年、学术水平高、威望高的专家给予荣誉认可，使其担任荣誉委员，从而解决了更高层次上的荣誉问题。

委员的质量如何保证。新规则对专委人数没有设上限。那么，一个专委是否会把委员搞得很多呢？这种可能性是存在的，但不必担心。因为，专委这个学术共同体负责行使这个权力，它会把住关口，如果委员"太水"，专委自身的影响力会受到影响，其他"高质量"的委员也会提出意见。从学会的层面看，理事会责成专委工作委员会对专委人数进行把关，也会在一定程度上保证委员的质量。

委员和常务委员互选会不会"死锁"。根据新的规则，由现任委员选举常务委员，换届时再由常务委员选举下一届委员。新一届委员确定后，再由其选举新的领导机构和常务委员会。按照这样的"串行时序"，就不会出现选举时相互等待的"死锁"。

二、学会和专委统筹经营

几年来，学会（总部）在专委的管理规范方面下了不少功夫，但在实际支持和服务方面的力度还比较弱，专委发展过程中面临的一些实际问题还没有得到解决，比如会议平台问题、财务管理问题、学术活动运营和推广问题，这些都需要学会总部协助解决。本次常务理事会提出"服务会员、服务专委"的口号，就是既要服务好会员，还要把专委及活动全部纳入学会的服务范围中，在平台建设、具体运营、财务管理、经费支持等方面给专委以实际的支持。目前拟采取如下一些措施。

会议平台建设。学会已经拨出专门经费开发会议平台系统，明年初即可投入试运行。今后专委举行学术会议就可以利用这个平台，提高效率和便捷性。

专门用于专委的经费预算。在常务理事会通过的下一个财政年度预算中，已经专门列出了支持专委的经费，这些经费将不会平均分配，而是以项目制的形式支持专委的活动。未来支持专委发展的经费还会增加。

协助专委管理财务。根据国家有关法律规定，分支机构不得独立开设财务账户，如果学会总部不协助专委管理财务，将会影响专委的发展。学会秘书处将在学会财务账号下开设专委"账簿"，专委结存的经费均可用于专委的工作。

协助专委推广和经营活动。本次常务理事会决定，专委的活动全部由学会主办，专委作为协办或承办机构。这样，不但专委活动对外的力度加大，学会还要把专委的活动全部纳入学会来整体经营，在承办单位职责及对承办单位的选定、协议的签署和履行、活动的宣传推广、论文集的出版等方面对专委进行支持。

从形式到内容的重大变化将是专委发展的一个转折点,那种学会总部和专委之间出现的"我"和"你"的现象将来会随着结构性的调整及总部加大对专委的支持力度而逐步消减直至消失,专委及其所有活动都将是学会活动的重要组成部分。我们有理由相信,依靠理事会、专委及会员的努力,专委会发展得更好,学会会呈现出更加生机勃勃的局面。

(2010年8月)

❖ 我心向往——一个科技社团改革的艰辛探索

分支机构向总部"缴税"是学会的一大进步

2018年2月4日,CCF常务理事会通过了新修订的《中国计算机学会学术活动组织条例》,条例规定,分支机构承办学会的活动时应向总部上缴费用。这是CCF在分支机构管理方面的一个巨大进步。

CCF的会员都知道,作为CCF的会员必须缴纳年费,否则就会失去会员资格。但是,CCF的分支机构特别是专业委员会多年来组织学会的活动却从来没有上缴过费用,换句话说,分支机构对总部的财政贡献是零。这很不正常!这相当于一个公民向政府上缴个税但企业却从来不上缴营业税和所得税。可这种"不正常"在CCF已经维持了三十多年。

是什么导致学会的分支机构不向总部缴纳"营业税"和"所得税"呢?这不只是分支机构的问题,还有较为复杂的历史缘由。

1985年,CCF从一个专业委员会上升为一级法人社团,下设有诸多专业委员会。当时的学会理事会为了使CCF更加强大，所定的中国计算机学会的英文名不是China Computer Society，而是China Computer Federation，CCF中的F就是联合会的意思（这也是许多人不解于F的原因）。而CCF下属的专业委员会的英文名不是Technical Committee，而是Society，CCF希望它们能独立经营，独立管理财务，独立发展会员。实际上，那时的CCF和其他学会一样，并没有个人会员，也不能独立生存（挂靠在中科院），更不用说让专委独立运营和发展会员了。这样走了约20年，到了2004年CCF才按照现代社团治理的方式改革，发展个人会员，2006年脱离了挂靠。在这种情况下，让专委"缴税"显然并不现实。

学会经过多年的变革和发展，专委在规范化、发展和服务会员、活动的影响力等方面已经取得了长足的进步，成为学会开展学术活动和服务会员的主要力量，有的专委在国际相关领域还有了一定的知名度。但是，专委在和总部的互动方面还没有实质性的进展，一方面是由于大部分专委的经营能力较弱，需要总部进一步培育和支持，另一方面是由于常务理事会认为时机还不成熟。现在，情况已经有了较大变化，CCF涌现出了一批有很强的活动组织能力、很强的经费筹措能力并有影响力的专委，如多媒体、数据库、中文信息技术、CAD与图形学、高性能、大数据、人工智能、软件工程、体系结构、计算机视觉、抗恶劣环境等专委，它们的会议规模大都在500人以上，有的超过1000人，会议收入也达到百万级。在这种情况下，CCF常务理事会认为，对专委提出更高要求的时机已经成熟，遂通过了分支机构要向总部"纳税"的规章。

分支机构向总部"纳税"固然可以增强总部的经济实力，提高总部对会员的服务能力及对学术活动的支持力度，但更重要的是，通过"纳税"可以保持总部和分支机构牢固的主从关系及纽带关系，而这种关系是学会的生命线，非常重要，这就如同会员缴纳会费是维系会员和学会的关系一样。

实际上，分支机构向总部缴费是各国社团通行的做法，如ACM收取分支机构SIG（Special Interest Group，相当于专业委员会）活动预算的16%的费用（overhead），而IEEE则收取TC预算的20%的费用（如实际发生额比预算多，以多者计），活动结束后结余部分的1/3上缴IEEE总部。

向总部缴纳费用实际上增加了分支机构举办活动（会议）的经济负担，但为什么这些学会还要坚持收取呢？除了上面所说的和总部的互动外，这还是增加总部财力的重要来源。对于ACM和IEEE，收入的大头是举办会议和出版物，会费是其次，如果旗下的会议不能获得可观的收益，学会的运行和服务就会出现问题。另外，用经济的方式可促使分支机构把会办好，提高会议影响力，"卖个好价钱"，并且尽可能召集更多人参会和入会，否则，低价"出售"甚至免费，影响力会越来越差，参加的人会越来越少，这无异于自杀。

总部凭什么收费？第一，学会总部是活动的所有者，拥有活动的全部权利，分支机构是总部授权或委托的承办者，承办者向主办者缴纳费用天经地义。第二，总部拥有的品牌价值对活动的组织是一种无形的资产和支持。第三，总部对活动进行背书，对活动的风险予以担保，当出现不可抗拒的因素而导致活动不能如期举行时，总部支付由此发生的损失费。第四，学会可以垫付活动场馆的预付金。第五，通过学会总部的平台推广专委的活动。此外，上述两个学会还有出版平台和数字图书馆的支持。CCF的专委在承办活动遇到困难时，还可向CCF总部申请经费资助。

向总部上缴费用对CCF的分支机构提出了挑战，那些简单地把会议"承包"给一个单位的日子要一去不复返了，CCF要求各分支机构必须有详细且可执行的预算，其中包括上缴总部的费用。此外，也不允许免费举办活动（公益活动除外），因为免费了就看不到活动的价值，也无法给会员以优惠。举办活动是一个把影响力和服务变现的过程，很不容易。这要求各分支机构要认真策划和组织活动，使活动具有更大的影响力和价值，要明晰商业模式，在定价、会议赞助、会议服务、推广及预算方面下功夫。总部将一一审核各专委的预算，并明确上缴的费用，年终公布每个专委的贡献。

应该注意到，《中国计算机学会学术活动组织条例》中关于上缴费用有一个字是"应"（见本文第一段），而不是"须"，这就给实际的执行留下了灵活的余地，对于那些目前还没有经营能力的专委，总部要帮助他们转变思想和运作方式，逐步把"应"自觉地过渡到"须"。

总部和分支机构的关系类似"中央"和"地方"的关系，二者的关系必须处理好。如果总部对分支机构管制太紧，就会挫伤分支机构的积极性，而管理过松，像2004年以前的CCF那样，分支机构各自为政[1]，就不能形成合力，学会不但没有影响力，也谈不上服务能力。目前，CCF总部的政策是在活动的规范方面严格要求，但在活动的组织上鼓励各专委"各显神通"。总部希望各专委在强化对CCF会员的服务（已经纳入年度考核内容）、增加对总部的贡献的同时，专委自己的"鱼池"里有足够的"鱼"可养，只有上下两方面都有积极性，并且形成合力，学会发展才有可能。

希望常务理事会关于分支机构向总部缴费的规定能成为分支机构向一个更高的目标迈进的动力，而不是负担。

参考文献

[1] 杜子德. 社团中的"山头"[J]. 中国计算机学会通讯，2017，13（9）：88-89.

（2018年3月）

关于分支机构 ❖

专委发展的历史性进步

2018年,CCF各专业委员会对CCF总部财政贡献统计结果出笼,专委上缴总部财政总数是142万元。这是历史性的突破,因为此前,专委基本未向总部上缴过结余,当然,学会也未要求过。

2018年1月,CCF常务理事会通过决议,决议称,CCF专业委员会及其他分支机构承办学会的活动,应按照预算的10%上缴总部。通过这个决议实在不容易,而让最具活力和经营能力的专委接受此决议更不容易。对活动(会议)经营能力强的专委而言,如果上缴财政收入的10%,就意味着要多开源10%,而对于经营能力较差的专委压力就更大了。尽管如此,各专委对这项决议基本坦然接受(当然也只能接受)。不过,考虑到历史原因和各专委发展的不均衡性,常务理事会给出的是"应"而不是"须",换句话说,有多就多缴,有少就少缴,没有就不缴。那么,这样岂不乱套?如果都不缴呢?其实不会!实践也证明不是这样。在过渡期内,要给专委机会调整,首先是理念的调整,其次是运作方式的改变，习惯后就好了，就如同我们要交个人所得税一样。

专委向总部缴钱（overhead）是国际各个学术组织的惯例，IEEE、ACM均如此。不同组织规定的比例不一，最高收取预算的20%，最后的结余还要和总部分成。CCF只收10%，且还是"应"，可见力度不大。就绝对数而言，这142万元也只占CCF年收入的2%略强，显得微不足道，但意义重大。

首先，专委不仅从组织上是从属于学会的一部分，其经营也是学会的一部分。如果把学会看成一个公司，那么每个专委就是这个公司的一个个车间。如果每个车间生产了产品自行上市销售，把钱放在自己口袋，这个公司还怎么生存？所以，上缴部分收入的意义在于总部和分支机构的互动，让分支机构理解自身的义务和责任以及学会与分支机构的主从关系。

其次，通过上缴经费和算经济账让专委负责人有经营的概念（包括定价和销售）。传统上，专委喜欢声称收支平衡、没有结余，认为没有结余表明组织者清廉。但现在不行了，各专委负责人不仅要学术活动过硬，还要经营过硬，活动不仅要结余，还要上缴。从上缴的多少看你经营能力的强弱。

最后，学会通过掌握第一手财务数据，规范各专委的财务管理，了解各专委的经营过程和存在的问题。

此前不少专委在办会时叫苦连天，主要是缺钱，CCF也给各专委撒钱资助过，但"狼多肉少"，不解决根本问题。究其原因，就是专委没有产品经营概念，没有很好的商业模式，把会议就当会议了,于是总是缺钱。如果把专委的会议等活动(events)都看成软产品,让专委来经营,经营好就鼓励,经营不好就关门,恐怕就简单多了。

学会收钱听起来似乎不雅:学会怎么一天到晚盘算钱呢?一个学术组织固然有崇高的使命,但没有经费的保证恐怕一天都过不下去,而政府部门也会让你关门歇业。

因此,做好学会首要的是打掉不屑看钱的"假清高",大胆谈钱。教授也要懂得商业模式,否则不但科研经费没有着落,自己的工资也拿不到。

为专委的发展叫好!

(2019年1月)

❖ 我心向往——一个科技社团改革的艰辛探索

如何让一个组织始终保持旺盛的生命力

CCF YOCSEF（青年计算机科技论坛）从创建至今（2017年）已经19年了。回想19年前，本人在CCF担任专职副秘书长已经一年多，过着早九晚五的生活，很是逍遥。但眼看着自己的青春在一天天逝去，而CCF的面貌依然故我，不免有些坐不住了：要么做点什么，要么离开！不过在这清闲的日子里，倒有足够的时间和过往的年轻人海阔天空地聊天，谈业界的发展，谈国家大事。他们有许多想法，但没有抒发渠道，激情无处释放，机会也很难轮到他们。这时我萌生出一个想法：为他们创造说话的机会，搞一个说话的平台——论坛。在老一辈科学家和学会领导的支持下，我找到十几位青年精英，把班子搭起来了，名字就叫作YOCSEF（Young Computer Scientists & Engineers Forum）。我们想把这个论坛设计成真正思辨式的论坛，要唇枪舌剑甚至针锋相对，这在"会而不议"的当时是非常稀罕的事（即使在现在也是如此）。经过三个月筹备，论坛开张了，效果出奇地好，被压抑的激情和智慧大大释放出来，充分显示出了年轻人的活力，

YOCSEF给人以耳目一新的感觉。

一、YOCSEF为什么能够异军突起

YOCSEF及其制度完全是人为设计出来的。针对当时社团组织存在的弊端，我决心设计一个平等、民主、开放和制度化的组织：领导人要公开选举，不搞内定和等额选举；所有成员均要履行义务，忙不是缺席的理由。YOCSEF的成员们对于学会理事不"理事"已深有体会，所以对于一个严格的制度，他们都能接受。初创时的成员由业界资深专家推荐，进来的都非常优秀，此后，再进来的都要经过推荐、考查、精心挑选并按程序确认，保证了成员的精英化。在YOCSEF初创的前几年，YOCSEF成员和学会领导及老一辈科学家保持了密切和良好的沟通，我们邀请张效祥理事长等若干非常资深的专家作为指导委员会成员，请他们参加论坛发表演讲，每年还要和他们开一次座谈会，向他们报告工作，倾听他们的意见和建议。精准的定位、良好的制度、优秀的成员以及有影响力的活动，使得YOCSEF这个新鲜事物得到了业界的充分肯定，几年下来，YOCSEF已有一定的影响力了。相应地，YOCSEF成员也得到了锻炼，而后在各自的岗位上发挥了重要作用，这又进一步扩大了YOCSEF的影响。

YOCSEF以计算为起点，以社会责任作为立身之本，于是它所有的论题都和计算及社会有关，涉及研发、应用、教育、人才培养、产业政策、学术评价等，成员有一种强烈的社会使命感激励他

们奋勇向前,这是YOCSEF当年异军突起并取得成功的首要条件。

二、YOCSEF现在怎么了

2004年,CCF开始变革,我作为秘书长参与其中,YOCSEF中许多被证明很好的东西都陆续在CCF中得到实施。但此后,随着CCF工作重心的转移,总部对YOCSEF的关照相对减少,而YOCSEF和指导委员会的沟通后来也中断了。

逐渐地,YOCSEF的影响力不但没有扩大甚至还在减小,但"规模"却在扩大,除北京之外,还在其他许多城市建立了分论坛。随着规模扩大,问题逐渐显现。近一两年来,到我这里"告状"的声音不绝于耳,不外乎是说YOCSEF的成员吃喝、刷脸、结帮、拉票。由于我创建了YOCSEF,目前还是CCF秘书长,因此将上述"罪过"都归结到我的头上是很自然的。我除了思考如何让YOCSEF重焕活力外,更多思考的问题是:一个具有很强生命力的组织为什么不到二十年就衰落得如此严重?它背后的原因是什么?

YOCSEF出问题,首先是因为"人"!YOCSEF有了知名度后吸引了很多青年人加入,但是,有些学术委员会(Academic Committee,AC)委员不是冲着承担社会责任的使命而来,而是冲着建立社会关系而来。由于把关不严,几年下来,成员的品质下降了。其次是因为"事"。由于锐气下降,怕担责任,YOCSEF也不大敢触碰那些敏感的社会问题了,它赖以安身立命的论坛失去了其鲜明的特色,这样一来,论坛很难凝聚住有想法的人。大多数分论坛搞不起论坛来，没有给YOCSEF的影响力增值。另外，在制度的执行上，对违规者和没有贡献者不敢断然淘汰。

三、制度重要还是人重要

那么，既然YOCSEF的制度还在，为什么就变成这个样子？其实，制度是死的，而人是活的，没有人强有力地执行制度，并对制度不断地加以完善，制度就会失去生命力。人还可以修改制度，使得其更有利于某些人特别是制定制度的人的利益，因为人总是善于设计有利于自己的制度。所谓"切蛋糕的人最后一个拿蛋糕"的意思是说，制度要由超越自己利益者或利益无关者设计，这样才会公正。YOCSEF的条例也在不断修改，但原先一直坚持的核心部分逐步被弱化了，而这更有利于对YOCSEF贡献不大者或能力弱者。

要让一个组织常保持旺盛的生命力，就必须让它和周围（系统外）充分互动，而不能成为一个封闭的利益圈子。所谓互动，就是组织外的能量能源源不断地输送进来，而系统内的糟粕随时被清除出去；就是要倾听外界的建议，特别是批评意见，不断反省自身；就是要有第三方的独立监督，还要有竞争对手所施加的压力。一个封闭的系统肯定没有生命力。

四、YOCSEF该到哪里去

19年过去了，YOCSEF的使命和愿景是否要改变？我认为，这个社会还不够完美，需要我们持续推动改善，青年人还需要成长的平台，就这个意义上说，YOCSEF还有存在的必要。

YOCSEF要恢复活力，首先要"抓人"，广泛吸纳优秀分子（不是小圈圈），把不合格的AC委员清除出去，关闭没有活力的分论坛。从组织管理上，CCF总部必须强化对YOCSEF的领导和支持。日前，CCF已派一位副秘书长担任YOCSEF秘书长，已恢复指导委员会，还聘请名誉理事长李国杰等学会资深专家担任成员。对于新成立的分论坛将严格把关。要恢复论坛原有特色和品质，坚持敏感而犀利的话题，敢于触及社会问题，要有影响政府决策的力量。总部还将邀请YOCSEF退役的优秀委员组成评议委员会，对YOCSEF及其成员进行评价。当然，让会员对YOCSEF的活动进行评价也是可采取的一种方法。

一个组织要始终保持旺盛的生命力，就必须解决四个问题：**使命和愿景、人、制度、实现其使命和愿景的行为载体**。任何一项不满足，都会导致这个组织活力衰竭，甚至灭亡。

YOCSEF已经出现了危机，好在学会总部和YOCSEF的同仁们并没有回避，而是直面存在的问题，且有实施变革的决心。如果能洗心革面，从头开始，那么此前大家对它的非议就不是一件坏事，YOCSEF再度辉煌也指日可待。

（2017年5月）

❖ 关于分支机构

YOCSEF永远年轻

YOCSEF的Y，就像是张开双臂迎接胜利的曙光一样，总是保持着青春的活力。对我来说，没有什么能比创建和参与YOCSEF更有成就感了。

虽说五年前创建YOCSEF的构想主要来自我的思索，但它也是汇集了一批极富创意和活力的年轻计算机工作者的想法与需求后而产生的成果，是大家智慧的结晶。由于在中国计算机学会工作，我接触了众多的计算机专业工作者，特别是一批青年学者和企业界的人士，他们有极高的热情，对国家信息技术的未来发展非常关心。但是，他们有许多很有见地的想法却没有渠道抒发和交流。为他们搭建沟通的平台，创造交流机会，由他们唱主角，将他们推向社会是我最原始的想法。

这个想法得到了学会领导的支持：时任学会理事长的张效祥院士给予了极大的鼓励，时任常务副理事长的李树贻研究员和时任学术工委主任的唐泽圣教授举双手赞成；时任副理事长的汪成为院士和杨芙清院士则在活动策划和推荐委员方面给了许多具体的帮助。YOCSEF就这样诞生了。说实话，没有他们的支持，YOCSEF的创建是不可能的。

关注国家信息技术和产业的发展，根据发展中出现的问题展开不拘束且平等的讨论（专题论坛），以及将最新的技术和学术动态奉献给专业人士（学术报告会）是YOCSEF的基本定位。

规则与制度的设计对于一个组织的成长至关重要。YOCSEF虽说是一个系列性活动，但它需要有人策划、组织、主持和推广，这需要有激情、有活力、有创意和有执行能力的人操作，这些人的集合就是YOCSEF学术委员会。有感于有的组织由于制度不合理而使得该组织变成了一个追求虚名之地的教训，YOCSEF从一开始就注意规则的设计。成立学术委员会的那天，就是制定规则的一天。这里有许多"华盛顿"和"杰斐逊"，他们坚持认为，一个好制度胜过一个好领袖。YOCSEF的规则很多，但是有一条没有写在里面，就是：什么都可以是不参加YOCSEF的理由，但"忙"不是！结果，在YOCSEF周围，源源不断地会聚了许多认同规则的年轻精英。

制度不是目的，它服务于组织的目标。YOCSEF有其独特的理念、独特的追求和独特的文化，这就是YOCSEF办了五年还仍然朝气蓬勃的原因。

有时在谈起组织YOCSEF所走过的艰难历程和受到的不公正待遇时，我不禁感到有些委屈，因为我在YOCSEF倾注了全部的心血和大部分的业余时间，我用激情来锻造它。而想到它对于我国的信息技术的发展、对于年轻的IT科技工作者的发展有意义，我就十分满足了：我工作的意义在于YOCSEF的意义。正如谭铁牛所说，YOCSEF是我们的孩子，我们要精心呵护它！和众多的委员一样，如此投入YOCSEF绝不是为了虚名，而是想通过它体现对国家的价值和我们个人的价值。将来当我们真的老了的时候，我们可以自豪地说，我们曾经办过YOCSEF！

YOCSEF永远年轻！

（2003年7月31日）

❖ 我心向往——一个科技社团改革的艰辛探索

激情下的YOCSEF
—— 纪念YOCSEF创建五周年

2003年5月18日,是YOCSEF创建五周年纪念日。YOCSEF学术委员会委托我写一篇全面介绍YOCSEF的文章,我觉得这不是一件容易的事。我翻阅了YOCSEF创建以来所有的会议纪要、活动记录、宣传册以及其他资料,特别是近日收到的五十多篇由委员和其他人士写的关于YOCSEF的纪念文章,找到一点感觉。我在阅读了这么多文章后,归纳出两个字,就是"激情"。我本人和其他委员以及所有参与YOCSEF的同仁一样,五年来一直是怀着激情在从事一件很有意义的事。下面我就试图从不同的侧面描述YOCSEF的创建过程、宗旨、运作方法、制度建立、未来设想等。

为什么要创办YOCSEF?YOCSEF是青年计算机科技论坛(Young Computer Scientists & Engineers Forum)的缩写,从Y可以看到它带有明显的青年人的特征。1996年11月,我从一个科研人员转变为一个职业社会活动组织者,由我所在的工作单位中科院计算所派往中国计算机学会任专职副秘书长,专事学会工作。不久,我就发现,有许多很年轻的计算机科技工作者,不仅在学术、技术和运作企业上是专家,而且在如何发展中国信息技术及产业方面也有独到的见解,显示出强烈的责任感。可是,他们那些真知灼见却往往没有很好的场合去传播,没有多少人能听到他们的"高见"。传统的学术会议的形式根本无法满足他们的欲望。显然,他们需要的是交流和讨论的机会。"这就是需求!何不创办一个自由论坛,让他们来交流?"我心里暗自思忖,"这不正是像中国计算机学会这样一个学术组织应该做的事吗?"这是我当年最原始的想法。

指导委员会和老一辈的鼎力支持。抱着这样的想法,我找到了时任理事长的张效祥院士,老人家立刻给予了充分的肯定,认为计算机是年轻人的事业,应该大力支持。他不但参加了开坛仪式和首次论坛,还发表了热情洋溢的讲话。常务副理事长李树贻亦举双手赞成。汪成为和杨芙清二位副理事长在开始策划和推荐年轻委员方面给了许多支持,后来又亲自参加了YOCSEF论坛。唐泽圣副理事长分管学术,他多次参加筹备会,包括开坛仪式和首次论坛。曾茂朝副理事长也很关心YOCSEF的建设,他指出,YOCSEF应该覆盖学术交流、推广应用和科学普及三个层次,年轻的科技人员应是学会的中坚力量。江学国副理事长推荐了年轻专家参加YOCSEF。杨天行副理事长后来作为特邀讲者参加了YOCSEF。常务理事徐非教授不但关心和支持YOCSEF的发展,还亲自在华北所组织YOCSEF学术报告会。没有老一辈的支持,YOCSEF也不可能创建。

就这样,经多方努力,YOCSEF于1998年5月18日召开了第一次学术委员会会议,这标志着YOCSEF的诞生。

为什么是Y? 为什么要强调Y(Youth,青年)呢?由于中国传统,在各个岗位上年轻人的机会相对较少,很少有人认识他们。YOCSEF就是想辟出一条快速通道,让他们"策划""编剧""导演""当演员"等,一句话,由他们唱主角。这样会不会造成孤芳自赏,新老一代有隔阂呢?不会!纵观一百多位YOCSEF的邀请讲者,从二十多岁的小伙子到八十多岁的老专家都光顾过YOCSEF,除了学术界的,还有企业界人士、政府官员、媒体人、律师、自由撰稿人等,有国内的也有国外的。而参加者则是各个层次的都有,十足是个开放式系统。除了学术委员会委员要45周岁以下之外,其他无任何年龄限制。也许在未来,Y会被取消,那说明社会进步了。

YOCSEF在干什么? 举办专题论坛和学术(新技术)报告会是它的主要形式。这里所说的论坛与时下里安排几人发言的所谓论坛全然不同,它针对IT界宏观的热点问题展开无拘束的置疑、讨论和争辩,旨在引发大家对所讨论问题的思考,以寻求更好的解决方案。这些争论的观点通过媒体广泛传播于社会,引发更大范围的讨论。比如,针对研发和产业结合的问题有"中国信息领域研究开发应走向何方?";关于IT政策和规则方面的有"信息化如何带动工业化?""18号文件给我们带来了什么?""我国'十五'期间IT的亮点何在?""影响中国信息技术发展的主要障碍是什么?""知识产权纠纷""WTO对IT游戏规则的影响"等;关于人才方面的有"中国信息领域需要什么样的人才?""如何稳定和吸引我国信息领域的优秀人才?""软件学院的热潮与困境"等;关于宏观展望方面的有"面对新世纪,中国IT发展的机遇何在?""新世纪中国能否成为软件大国?""中关村和硅谷的差距何在?"等,而第三个问题的讨论是和硅谷的企业家们一起组织的;还有在美国轰炸中国驻南联盟大使馆后的特别论坛"在新的国际形势下,我国信息技术发展的对策是什么?";等等。这些论坛都在IT界引起了广泛的关注,若干媒体的长篇报道将论坛引向了深入。而学术报告会则将国际上最新学术思想和技术动态及时介绍给业界,它常常吸引了众多的听众,一般有200人以上,最多的时候有近500人。截止到2003年4月,YOCSEF仅在北京就举办活动53次,其中有22次论坛,31次报告会。如果把分论坛的活动加在一起,那就更多。五年来,YOCSEF坚持几乎每月组织一次活动。此外,还有内部交流的YOCSEF Club,与媒体合作的学术专栏,如和《计算机世界》合作的《专家视点》以及和中央人民广播电台合作的《青年科技论坛》等。YOCSEF的下一个目标是撰写专题白皮书,根据论坛的讨论并结合业界的观点,形成有建设性的意见,与有关政府部门及专业人士分享。

❖ 我心向往——一个科技社团改革的艰辛探索

谁是戏剧的主角？ YOCSEF的组织者们的主要任务是"搭台"，而IT领域及相关领域的专家才是这场戏剧的主角。邀请专家，不论年纪，不论中外，不论是来自学术界、企业界还是政府部门，只要你"肚子里有货"，有独到的观点，就可以出来"唱一出"。五年来，有像张效祥、汪成为、王选、李国杰、金怡濂、夏培肃、陆汝钤这样知名的学者（院士），有像柳传志、杨元庆、王文京、郭为、刘积仁、俞新昌、茅道临这样的企业家，也有像赵沁平、冀复生、赵小凡、张景安、朱善璐、邓志雄这样来自政府部门的官员，当然还有其他许许多多的专家。尽管这些专家都在其领域很有建树，都属"大家"，但是每次请他们作特邀讲者时，不论多忙，他们从来没有拒绝过，而且每次讲演都精心准备，从而保证了讲演的质量。如夏培肃院士，她已70多岁的高龄，花了半年多的时间为YOCSEF准备"量子计算"的学术报告。这个报告后来被整理为量子计算领域国内少见的综述论文发表在国内知名学术刊物上。这样的事例举不胜举。专家们演讲，不但拿不到分文报酬，连交通费都是自己付的，有不少讲者是从澳大利亚、中国香港、合肥、武汉、上海、杭州、长沙、沈阳、大连……自费赶来的。正是他们，将YOCSEF学术委员会委员们编出的一幕幕剧目演得有声有色，他们才是YOCSEF最重要的功臣，向他们深深鞠躬致意。

两个轮子：开放与规则。如果一个组织是不开放的，其生命力和影响力必然有限。所以，YOCSEF坚持开放式办会：大家都有机会申请当委员、演讲、参会、报道、赞助等，只要符合规则，没有什么人和机构是被排斥在外的。YOCSEF委员都是以个人的名义参加活动的，也决不为某些机构预留位置。开放式不意味着无序和紊乱，相反，严格的规则正好是YOCSEF开放式的另一面。多年来形成的做事靠"感觉"的方式早已不能满足现在做事的要求。所以，创建YOCSEF的那天就是制定规则的一天。规则的每一项都有清楚的定义和很强的可操作性。制度体现了一个组织追求的目标和信奉的理念，也是一种文化的表征。选举都是无记名投票产生，绝无鼓掌通过之说。关于退出机制，除了年龄之外，就是"连续三次"不参加就退出的规则。确有不错的委员由于连续三次不参加活动而被除名，也有委员为了留在"圈内"从境外专门回来参会……

规则不是外来强加的，而是所有与此相关的人制定的，即表明它完全是自律的，没有任何牵强。靠什么制定规则？还是规则！这在规则中有明确规定和操作的程序。如要修改规则，则必须全体会议通过，不能个别人说了算，谁也没有特权，"一切权力归农会"！

关于任期的辩论。学术委员会并不总是同一的，有不同想法是自然的，不但允许存在不同想法，而且鼓励发表意见，但最终要形成决议。关于主席任期一届（一年）的制度并不是完全没有争议的事。2000年12月30日的全体会议上，有人提出选举成本太高，何况大家均是义务干活，何必那么较真？围绕这个问题，委员们进行了激烈的辩论，最后以表决的形式通过了决议：维持原制度。此后，没人再提出这样的问题。面对不同意见，不是压制，不拘泥于传统、惯例、资历、权威，而是充分发表意见，通过思辩，达到统一。这就是YOCSEF的议事风格。

一个好制度胜过一个好领袖。这句YOCSEF的至理名言出自侯紫峰之口。2001年，由于他思维开阔，投入大，人缘好，换届前不少委员推荐紫峰当主席。就在会上推荐候选人的时候，委员们将紫峰推向了前台，认为他是最佳人选。但是，紫峰已到45岁，到了退役的年龄了。当时有人提出修改规则，放宽年龄的限制。紫峰说："尽管我自认为是一个合适的人选，但是为了一个人修改规则，那规则的意义就不那么重要和神圣了。我认为，一个好制度胜过一个好领袖。"多么中肯的话啊！大家无不为之感动。结果，由于维护了制度，紫峰以全票当选为荣誉委员，现在他仍活跃在YOCSEF的舞台上。

入围的条件。尽管谁都可以申请委员，且无明确规定的入选条件，但是，当委员的实际条件很苛刻，其中四个条件是心照不宣的：①有稳定的工作和保证生活的收入；②具有创意；③有较强的执行能力；④兴趣和激情。上述每一条都是必要条件，缺了任何一条都不可能当选为YOCSEF委员。其中第一条和经济能力有关系，因为每一位委员每年必须出差到外地支持分论坛的活动，路费自然是自己掏的。为了新建山西吕梁山区的小学，大多数委员每人捐出了3000多元，这需要经济基础。竞选主席的条件也十分简单：投入大，组织能力强，有亲和力。在YOCSEF中，从来不计较学术头衔、职称和职位。

举起你自己的手！ 在中国大地上，有多少人有多少机会敢或能够站起来说："我能胜任这个工作，我想当……！"少见！但在YOCSEF这是司空见惯的，甚至是必须的。想当委员吗？请填申请表，请人推荐，自己准备两分钟的竞选演说；想当主席吗？先举起手来，谈"治坛"方略。你如果"客气"，你将失去机会，机会是给那些勇于"举手"者准备的。结果那些够格的入围了，"强者"站在了前面。这就是YOCSEF的选举制度。竞争是YOCSEF的基本法则，任何一个委员都不惧怕竞争，因为这是YOCSEF文化的一部分。

"权威"二字不在YOCSEF的字典中。在YOCSEF论坛中，只有专家，而没有权威，因为后者意味着人们要对他顶礼膜拜，不敢质疑。YOCSEF决不相信权威，也不认为有什么权威。人人都有发言的机会，都有阐述自己独特观点的权利，都有挑战别人的勇气，论坛上人人平等。在这样一种平等对话的头脑风暴中，思想的火花不断地碰撞出来，相互启发，共同提高。看看这五年来的讲者，无一不是在其领域里有建树有思想者，但在论坛上又都是普通一员。

不在规则中的"规则"。就像法律不可能枚举道德层面的问题一样。有的"规则"不在规定之中，比如，什么都可以成为不参加YOCSEF的理由，但"忙"不是！这使得委员们常常感知到自己的责任。YOCSEF允许发表任何观点,不惧怕挑战,但你会常常听到这样的话:你有什么建议吗?你需要帮忙吗?如果一个人遇到问题,或想听到更好的意见,就把问题通过网络传送,大家相互帮助。有不少委员来自学术界,但他们丝毫没有学究气,都是些有创意、有执行能力、务实肯干的家伙。在YOCSEF丝毫没有"政治"角斗,一切都很坦荡,光明磊落。从选题、策划和主持,就可以看出他们的风格。贴近社会、贴近企业是基本的出发点。他们认同这样的理念:不做带有学究气的学者和专家。

激情可以培养吗? 当YOCSEF委员最重要的一个条件就是激情,如果没有激情就请远离YOCSEF。激情从哪里来?是培养出来的吗?不是!一个人的激情固然有时能感染另一个人,但一个没有激情的人是无法培养出激情的。激情来自个人成长的热切需要,来自对问题的浓厚兴趣,来自个人的职业本能,来自某种自认的社会责任。YOCSEF从不讳言利益,每个人到YOCSEF中来都有明确的利益追求,但是,这不是小利益,而是大利益,是将个人对利益的追逐和社会的发展密切地结合起来的利益。他们是一帮有想法的人,他们都想影响甚至改造这个社会,推动国家的进步。对社会的深深的责任感是他们激情的源泉。这种责任感非一两个月可以萌生和迸发,而我们这个社会,需要的恰恰就是这样一些人。

企业的宝贵支持。 YOCSEF并非一群人不食人间烟火,坐天论道,YOCSEF的论题和报告为社会服务,也为企业服务。另一方面，有些企业知道自己所肩负的社会责任，也深知YOCSEF是在做一件有益于中国IT发展和社会的事，它们慷慨捐出自己挣的血汗钱支持YOCSEF的活动。联想集团从YOCSEF创建的那一天起就是YOCSEF最坚定的支持者，五年多来，一直从经费上大力支持YOCSEF。赞助YOCSEF活动的机构还有很多，如863计划智能计算机专家组、《计算机世界》、CORPORATE SOFTWARE & TECHNOLOGY、清华大学出版社、《中国计算机报》、曙光天演公司、和佳软件、康柏公司、惠普公司、华章公司等。没有它们，YOCSEF也难以为继。应向深明大义的企业家们致以深深的敬意——他们也是有社会责任感的人。

在挑战中成长。YOCSEF的发展并不是一帆风顺的，而是在风雨中成长。它的压力有的来自外部，也有的来自内部。有一些社会上的好心人怀疑YOCSEF"红旗到底能扛多久"，而内部也曾有人奉行"不支持、不参与、不给钱"的三不政策，开始就将YOCSEF逼上了一条非成功不可的道路。最后是从联想拿到了一笔宝贵的支持经费，YOCSEF才得以开张。运作过程中，YOCSEF的影响越来越大，但对它的怀疑没有完全消除：从企业拿钱，那学会姓"学"还是姓"钱"？年轻人是否要另立一派？面对这些疑虑，YOCSEF的委员们除继续将活动做好外，还多方沟通，宣传YOCSEF的宗旨和运作方法，慢慢地，大家也就理解了：这像一个不间断的学术会议，学术委员会就是程序委员会，每年换一届；至于赞助问题，则是和企业结合的必然，这不仅拿到了开展活动的经费,更重要的是了解了企业的需求,将学术和产业紧密结合起来。时间慢慢过去,这些疑虑没有了,也没有人持反对意见了。但是,现在最大挑战来自YOCSEF自己:我们还有什么问题?我们能否做得更好?如何促进IT的发展?如何促进更多的年轻人成长?只有在挑战中生长,才能健壮。

媒体是论坛的延伸。YOCSEF能在业界产生如此大的影响,媒体起了非常重要的作用。几年来与YOCSEF相伴的媒体有《计算机世界》、《光明日报》、《中国青年报》、《中国计算机报》、《科技日报》、中央人民广播电台、《科学时报》、《人民政协报》、《人民日报》及海外版、《科学新闻》、《北京晚报》、《网络世界》、《微电脑世界》等。每次专题论坛之后,媒体往往刊登好几版长文,将论坛外的讨论引向了深入。像《计算机世界》的《走出围城》(朱戈,侯梅竹),《光明日报》的《"十五"产业突破口在哪里?》(刘路沙),《中国青年报》的《青年计算机科技论坛的活力哪里来?》(谢湘),《中国计算机报》的《为IT明天做"预算"》(马文方,宋宇),《科技日报》的《YOCSEF特别论坛商讨对策》(范力),《人民日报》的《建立自主发展的信息技术》(杨健),《人民政协报》的《软件业如何能圆强国梦?》(贺春兰),等等。与参加一般会议不同,所有参加YOCSEF的记者都将自己看成YOCSEF不可或缺的一员,他们在论坛上主动发表意见,已经忘掉了自己是一个记者。他们参会的交通费都是自己掏腰包,不是YOCSEF"抠

关于分支机构

门",这全是自家人的缘故,不必客气。当然,也是他们有激情的缘故。

良结构可以复制。制度是活动的保证,而活动则是理念的载体,通过活动将新的思维传得更远。为此,除北京外,YOCSEF已在十多个大城市开办或正在开办分论坛,如杭州、上海、长沙、沈阳、西安、哈尔滨、济南、武汉、广州、合肥、福州等城市,而且还在发展。YOCSEF认为,要让更多的人一起"玩",而且按照认定的"游戏规则"玩,这才有意义。分论坛的组织力量和活动的频度虽比不上北京,但是有的分论坛已经玩得非常有味道。他们掌握了YOCSEF的精髓和文化内涵,并正在将其发扬光大。这种良结构可以复制,并通过分论坛延伸到更广阔的空间。

继续老一辈未竟的事业。也有人认为有了YOCSEF会割断老一辈的联系,自己"扬长而去",其实不然。张效祥老先生在和YOCSEF委员座谈时谈到他一生为之奋斗的计算机事业时,不禁泪洒前襟。他们正是把希望寄托在了新一代的身上,让新一代继续实现他们的理想。五年多来,YOCSEF的委员和老一辈学者一直有着非常好的关系。老一辈也多次参加YOCSEF并和年轻人座谈,谈对发展中国计算机事业的看法,谈如何办好论坛。他们也觉得和年轻人在一起自己也年轻了许多。从他们写的赠言中就能感受到他们对YOCSEF的期望。

创造机会是它的精髓。社会上最时髦的话大约是"抓住机会"了。但那些机会是从哪里来的?我们不能等待,我们要做机会的创造者。"创造机会"成为YOCSEF极有号召力的口号和它的一面旗帜,成为社会责任感的象征。在它的感召下,有多少人聚集在它的周围。无疑,它还将创造更多的机会。YOCSEF的组织者和参与者深知自己肩负的社会使命。而这一切都刚刚开始,它将继续前进。

YOCSEF的口号是:创造机会!

(2003年5月8日)

关于分支机构 ❖

YOCSEF十年

　　YOCSEF十岁了，大家都写文章祝贺它。关于YOCSEF创建的动机和背景，我知道得多一些，借此做些介绍。

　　创建YOCSEF有主、客观两方面的原因。主观原因是，那时我在中国计算机学会已是专职工作人员，没有任何课题和其他任务。学会比较清闲，和大多数学会一样，有很多时间喝茶看报。但我不满足于现状，我不愿意把我一生中最宝贵、最辉煌的时光在茶杯上度过，想做点事，所以，一天到晚在琢磨。客观原因是，那时学会不够开放，许多非常优秀的青年计算机工作者们没有途径参加学会的工作，可他们激情四溢，常常到学会办公室和我探讨一些事情，特别是对国家层面上的政策、科研体制、学术评价问题、科研和产业的融合问题发表看法。我倒不觉得这些看法就都正确，但那种关心国家发展、自觉承担国家发展任务的责任感令我感动。那时和我讨论较多的一个人是当时在联想电脑公司任职的江卫星博士，当然还有其他人。于是我想，是否可以搞一个（自由）论坛，就专门讨论这些热点问题，也正好把这帮人联络到一起，给他们"搭一个舞台唱戏"。其实，当时创建YOCSEF时就叫自由论坛，只是后来考虑"自由"二字有些敏感，就去掉了这两个字。

为了能把事情办成功，我找时任理事长的张效祥院士、副理事长汪成为院士、唐泽圣教授、李树贻研究员、杨芙清教授等学会领导谈我的想法。出乎我意料的是，他们对此事都很支持，这给了我莫大的精神鼓励，我决心沿着我的想法走下去。初创时，我请这些老专家推荐新人，我自己也在物色。谭铁牛和李明树是汪老师推荐的，张尧学是唐老师推荐的，唐卫清是李老师推荐的，梅宏是杨老师推荐的，等等。YOCSEF能够走到今天，确实不能忘记当年给年轻人鼎力支持的这些老一辈专家，这就是为什么到现在我们还让他们担任YOCSEF指导委员会专家，而且一直没有变化。

人找得差不多了，该搭班子了。1998年5月18日下午，在中科院计算所北楼（现已拆掉了）召开学术委员会成立会议，当时到了几位委员，有张尧学、梅宏、谭铁牛、孙茂松、江卫星、徐志伟、杜子德，清华大学的唐泽圣教授（任副理事长和学术工委主任）和金千方教授也到会了，大家推举尧学担任主席（那时还没有实行选举制度）。尧学那年42岁，已经升了教授，但名气还不是很大，属于小教授一类，但非常活跃，活动能力非凡。后来他到日本当访问学者去了，没有时间参加活动，就不当主席了。尧学是名副其实的创始人之一，他也为此骄傲。

成立学术委员会后就开始策划活动（论坛），光"谈什么"

关于分支机构

就讨论了很长时间,开了无数的会。针对当时科研和产业界严重脱节的现象,就决定从这个话题开始。关于首次论坛的策划,联想公司的江卫星真可谓是煞费苦心,付出了非常艰辛的劳动。为了能够确保第一次论坛成功,我们在计算所试论过一次。八月的北京,闷热异常,那天又没有电,我们所有人的衣服几乎都湿透了,但那次试论保证了而后正式论坛的巨大成功。

没有钱不能搞活动!当时学会是一分钱也不给的,必须自己筹集。于是我拿着活动的整体方案和公司去谈,碰了不少鼻子灰。我当时找钱的情形就好像现在拿着项目去找风险投资,你要说服投资者给你投钱。现在看来,之所以我在学会十多年还能干下来,还能每每得到企业的赞助,和当时的磨炼分不开。如果当时是上面给你钱让你干活,就是另外一回事了。这种艰苦"创业"倒是锻炼了我的思维和执行力,扭转了我看问题的角度,增强了我的客户意识、推广意识和站在客户或者合作者一边考虑问题的意识,这也算是核心竞争力之一吧。最好的一课是联想公司品牌推广部的乔健给我上的。她问我,我有什么理由和事实能使她相信联想给了钱我们就能把事情做成、做好,并通过媒体让全社会知道?什么事实能证明中国计算机学会和拿了钱后就"泥牛入海无消息"的单位不同?我认为她说得完全正确,事实就是这样,许多单位拿了赞助就没有了消息,企业当然不愿意赞助了。但我说,我们学会不是那些单位,我也不是那些人,请你相信我一次,我发誓。乔健心动了,她拉我找到杨元庆,元庆非常支持,第一年就给了六万元人民币。乖乖!六万呐,这可不是一笔小钱!正是这笔宝贵的经费使我们得以于1998年8月22日在友谊宾馆举行了开坛仪式和第一次论坛。YOCSEF的后人们,你们可千万不能忘记联想当年宝贵的支持啊!没有钱,我们什么也做不成。如果颁奖,我建议给联想颁大奖,给元庆和乔健颁大奖。

开坛仪式上,学会理事长张效祥院士去了,副理事长唐泽圣教授去了,这太宝贵了。你看看,关键时刻是多么能够体现出老一辈科学家的高明、远见、谦虚和扶持年轻人的胸怀啊!自然,应该给他们颁第一大奖。

由于精心策划和准备,由江卫星和李明树操刀的第一次(自由)论坛取得了极大的成功,媒体也铺天盖地地宣传,我们太兴奋了,就像打了强心针一样,决心把刚开始的路走下去。组织论坛太费心思,策划一次太不容易了,一年不可能搞太多次,于是想到了成本较低、我们也更擅长的学术报告会,这样既能不断把新的学术思想和技术发展呈现给业界,YOCSEF的活动也显得很充实,这是后话。

创建YOCSEF之初,我对它有一系列的设计,希望能够避免当时制度中的缺陷,引入一些先进的理念、制度和管理,使其与众不同而又能够行之有效。

第一,委员一定要年轻,具体年龄卡到哪里不是关键,但要有清晰的边界。主要目的有二:这些人到时候必须要出去;另外,成名和有成就的"大人"们就不要进来当委员了,否则就又回到当时理事会的情况了。委员必定要有任期,要找到出路(out),不能终身任职。"终身"制已经害苦人了,不能重蹈覆辙。委员的选择很重要,重在选那些有活力、有想法、业务(包括管理)好、发展潜力大但当时又没有什么知名度的人。我们不需要一个成名者来当领袖,这里任何一个人都可以当领袖。当时还有一个重要原则,即学术委员会中必定要有来自企业的人士,否则清一色。学术界的人可能会让YOCSEF变成一个学究气很浓的组织,思维会同质化,没有意思。只有把两方面的人召集到一起,才能有思想火花的碰撞。实践证明,这太正确了。

第二,这里是民主的,是一个思想共同体,这里的事由他们说了算,而不是由一个"德高望重"的人操纵,这需要一种机制。主席是以无记名投票方式民选出来的。想当主席要靠竞争(竞选),而不是由谁任命,根本不存在由一个机构给出一个候选人让你等额选举。由于年龄限制,任期不长,主席的任期就更不能长,一年为限,不管多么优秀也不能连任,把空间和机会让给其他人。干好了留好名,干不好留臭名。委员间一律平等,这里不看是否是教授,是否是总裁,大家都是相互平等的委员,直呼其名,不带头衔。这表面的平等其实反映出实际的平等。如果你见面叫某人老师或教授,你必然对那人有几分敬重或敬畏,就难以平等讨论问题,更难以挑战。现在所有的委员一进来,第一课首先是接受这个训练。

第三,按规则办事,不能随意,于是就搞了一个条例。条例是大家制定的，大家遵守。有时也出现怀疑规则的情况，比如说主席任期一年是否太短了，一个优秀的委员是否可以超龄当主席，等等。在创建初期，花了很长的时间对这些问题进行讨论，甚至争论。结论是：一个好制度胜过一个好领袖。规则可以修改，但要按照程序修改，而不能随意修改，更不能因人而改。

第四，要干事，不能只图虚名，如果不干事就要"出局"，这就是当初考勤的原因。这样做当然也有缺点，就是有些人只参会不干活，于是现在就演化成让所有的学术委员会委员评价所有学术委员会委员的办法，其实这压力更大：如果一个委员连续两次评分不足4分（满分为5分）就得"出局"，有些残酷。这样一来，一些人就会被动出去；一些人自觉难以满足YOCSEF的要求，就主动出去了。不过，大家都知道这是规则，没有抱怨。实际上，除了个别人之外，所有在YOCSEF里待过的人均对YOCSEF有很深的感情，也常回来参加活动，献计献策。

第五，充分开放。活动的主体是青年，是指组织策划者是青年，而参加活动者就毫无年龄的限制。十年来，参加过YOCSEF活动的人无数，演讲过的人有好几百，各路人等均有：有八十多岁的资深专家，也有青年学生；有国内的专家，也有来自国外的专家，用什么语言都行，没人翻译。

十年过去了，这些当时的主观设计被遵守得很好，说明是符合实际的，这也是YOCSEF能够坚持到现在的重要原因。

其他的规矩也有，比如留存资料，所有的会议均有纪要，即使是一个Club聚会，也有记录，所有纪要均编号，现在已经编到160多号了。要走市场化的道路，靠活动的影响力吸引企业的赞助，如果没有钱，活动就不能继续，学会绝没有预算给YOCSEF搞活动。还有其他不成文的规矩就属于文化了，比如：创造机会；一个好制度胜过一个好领袖；什么都可以是不参加YOCSEF的理由，但"忙"不是。近期又有一个新约定，凡是YOCSEF联络本上有名字的人，均可和任何一个联络本上的其他人联络，被联络的人有接待的义务。

十年来，YOCSEF也出现过多次危机，但还是被它自己化解了，说明它还是可以自修复的。比如，挂名不干事是顽症，这就有了明树主席在九华山庄的"整风"；也有没有人愿意当主席的时候，扭捏上来毕竟没有激情；也有委员"断档"的时候，没有优秀的人士来充实学术委员会，它的活力也降低了。外部的危机是开始有人怀疑YOCSEF的动机和做派，需要解释，当张效祥这些老专家站出来支持YOCSEF的时候，危机就化解了。总之，它的成长不是一帆风顺的，不过这也是正常的。如果遇到一点危机就倒下，那肯定没有生命力。

现在，YOCSEF除了北京总部之外，还在12个大城市设有分论坛，还有两个城市的分论坛也获得批准，一个是在大连，一个是在西安（恢复），也许不久以后还会在青岛、深圳设置分论坛。此外，在北京，有9个高校和研究机构研究生参加的研究生分论坛也在生机勃勃地活动着。看来，这个平台是搭大了。

YOCSEF的存在确实是一件好事，它为社会做了不少好事，一批批的年轻专家也成长起来了，它的好的制度也在中国计算机学会得到实践，并为其他组织借鉴。相信，未来十年，YOCSEF会发展得更好。

（2008年8月）

关于分支机构 ❖

YOCSEF十年发展历程

　　YOCSEF是中国计算机学会青年计算机科技论坛（Young Computer Scientists & Engineers Forum）的简称，是由中国计算机学会创建的系列性学术活动，于1998年5月18日成立，迄今已走过了十年的发展历程。

　　十年前，在时任理事长张效祥院士的肯定和鼓励下，在常务副理事长李树贻教授、副理事长汪成为院士、杨芙清院士和唐泽圣教授的支持、帮助、策划和推荐下，于1998年5月18日召开了第一次学术委员会会议，这标志着YOCSEF的诞生。随后，经过精心准备，于1998年8月22日在北京友谊宾馆举行了开坛仪式，张效祥院士、唐泽圣教授在仪式上讲话，首次论坛"中国信息领域研究开发应走向何方？"隆重登场，王选院士和时任联想公司总经理的杨元庆先生做特邀报告，一个以学术报告会和专题论坛为特色的系列活动从此展开。

　　十年来，YOCSEF的主旨是：为IT领域很有活力的年轻的科技工作者创造展示才能的机会；为对IT发展很有见地的业内人士提供发表高见、相互交流的机会；根据IT发展的需求开展活动，为计算机工作者提供一个交流的场所，为业界创造更多的机会；为关心公益性活动的企业提供展示企业形象的机会；为专业媒体提供鲜活的素材；让参加者获取最新信息和业界动态。一大批来自学术界、企业、政府、媒体的各界年轻有为的人士参与其中，不断地为自己，同时也为社会"创造机会"。在一系列活动中，青年计算机科技工作者开阔了视野，明确了方向，形成了新想法，获得了新动力，在理想和激情的驱使下，积极推动国家振兴、学术进步、产业发展和文化创新。青年人在活动中碰撞出了思想的火花，寻觅到了专业的知音，创新出了民主文化，产生了独特的影响，为业界带来一阵清风。

专题论坛和学术报告会是YOCSEF的主要形式，成功的秘诀在于它的文化土壤。YOCSEF的专题论坛是对IT业界和社会热点问题无拘束的置疑、讨论和争论，旨在探寻解决方案，举办过的专题有"中国信息领域研究开发应走向何方？""影响中国信息技术发展的主要障碍是什么？""面对新世纪，中国IT发展的机遇何在？""中国IT业如何面对WTO的到来？""信息化如何带动工业化？""18号文件给我们带来了什么？""Linux的命运与前途""从SCI反思中国的学术评价体制""中美知识产权争端：谁侵犯了谁？""从'汉芯'事件反省中国专家体系"等，相关争论引起了IT界的广泛关注，再通过媒体传播到社会，引起更多人的反思。而学术报告会则将最新学术思想和技术动态及时介绍给业界，吸引众多听众。

YOCSEF为它的参与者搭建了舞台，年轻的IT工作者以他们的热情和智慧在这个舞台上辛勤耕耘，制定规则、实践民主、策划活动、登台"唱戏"、相互帮助，付出了汗水与智慧，推动了IT领域学术进步、产业发展和文化创新，换来了收获和成长。十年中，一批青年人已经成长起来，成为同辈中的佼佼者，他们当中涌现出院士、所长、院长、863专家、973首席科学家、总经理、学科带头人等，对中国计算机科研和产业的发展发挥着重要作用。YOCSEF也从当初北京的一个论坛扩展为现在以北京为总部、在全国12个城市建有分论坛和1个研究生分论坛的规模，将YOCSEF文化传到更多的地方。

YOCSEF是一个大舞台，而IT及相关领域的专家是这个舞台上的主角。特邀的专家，不论年纪，不论中外，不论来自学术界、企业界还是政府部门，只要有独到的观点，就可以在这个舞台上尽情展示。从张效祥、汪成为、王选、李国杰、金怡濂、夏培肃、陆汝钤、周巢尘这样的知名院士，到柳传志、杨元庆、王文京、郭为、刘积仁、俞新昌、茅道临这样的企业家，到赵沁平、冀复生、赵小凡、张景安、朱善璐、邓志雄这样的政府官员，到众多风华正茂的青年学者，他们不论多忙，都精心准备，而且即便是从外地特意赶来，也不从YOCSEF拿一分钱的报酬。正因为有了这些前辈、专家们的光彩，才使得YOCSEF的舞台如此灿烂，成为业界一道亮丽的风景。

十年历练使YOCSEF凝聚了一大批青年计算机专家、学者,成为一个结识业内精英、创造进步机会、体验民主文化、担负社会责任的平台。YOCSEF已经从一个婴儿成长为风华少年,并开始崭露头角,它走过了充满挑战、困难、机会与发展的十年岁月,建立了宝贵的发展模式,积淀了广泛的社会影响。与其说YOCSEF是一个论坛、一个组织,倒不如说,YOCSEF是一群人的精神家园!在YOCSEF,资历、地位并不重要,只要有想法、有激情、有社会责任感,都能在这里找到自己的位置。YOCSEF从不讳言利益,每位YOCSEF人都有明确的利益追求,但这是将个人对利益的追求和社会的发展密切结合起来的利益,他们愿意为推动国家进步,为社会大众出一份力,这也是YOCSEF充满激情并且能感染接近它的人的原因所在。这个朝气蓬勃的群体,在它未来的岁月里将随着中国计算机事业的发展不断进步,它的激情将被延续,它的活力也会被一届又一届的委员们传承下去。

YOCSEF能在十年中不断进步和发展,与社会各界的支持密不可分。这其中,有老一辈专家、学者的支持,他们多次参加学术活动,和年轻人座谈对中国计算机事业的看法,在诱惑前给予及时的提醒;有特邀演讲者无私的奉献,他们付出时间与金钱,为YOCSEF带来令人耳目一新的主题演讲,吸引了无数的参与者;有赞助单位的支持,为YOCSEF的发展打下了坚实的物质基础,同时也展现了他们对社会负有的责任;有媒体的宣传与推广，把YOCSEF的思想传播到更广阔的领域；有每一位委员的智慧和创造，没有他们的辛苦和奉献，YOCSEF不可能如此精彩。

十年砺剑锐锋芒！又一个十年已经开始，相信YOCSEF人在今后的发展道路上，在社会相关各界的大力支持下，在青年学者们不灭的激情下，能够更加意气风发地前进！

（2008年5月）

❖ 我心向往——一个科技社团改革的艰辛探索

在YOCSEF十年特别论坛上的发言

今天是2008年5月18日。十年前的今天,有十来个计算机领域的青年学者,在中科院计算所的会议室举行了一次会议,酝酿YOCSEF,也就是青年计算机科技论坛。YOCSEF到今天整整走过了十年的历程。今天下午我们在这里举行一个隆重但又朴素的活动——用举办特别论坛这种独特的方式,来纪念YOCSEF十年。

在我们这个特别论坛筹备期间,6天前,即5月12日,我国四川汶川地区发生了特大地震,已有2万多名同胞在这次灾难中遇难。现在,中央政府和全国人民投入巨大精力来抗震救灾,中国计算机学会的各位同仁对此灾难表示极大的关注和关心,纷纷捐款,以实际行动支援抗震救灾。仅从5月13日晚上8点到第二天早上8点,我们就收到学会会员的捐款14万余元。现在学会理事陈宏刚带着另外两名员工,正在绵阳

关于分支机构

北川县抗震救灾,每天发来很多的图片和文章,同时也在调查,看如何有效使用我们学会会员的捐款。在成都工作的理事秦志光、陈雷霆不时发来救灾的消息和图片。为了悼念在这次地震中遇难的同胞,我提议我们全体起立,向遇难的同胞们致哀。

悼念死难同胞和支援抗震救灾,对我们而言最好的方式就是做好本职工作。相信通过这场救灾战斗,全国人民会更加团结,会以更大的热情投身到工作中去。

今天参加YOCSEF纪念会的有学会理事长、YOCSEF指导委员会的专家李国杰院士,有参加YOCSEF创建的多位委员,包括全国13个分论坛在内的YOCSEF学术委员会委员、荣誉委员、委员以及研究生分论坛的学生委员,还有来自高校、研究机构、企业、有关政府部门、媒体等各方面的人士。

十年前创建YOCSEF有着特殊的历史背景,那时的中国计算机学会乃至整个社会并不像现在这么开放,年轻人没有像现在这样有这么宽阔的舞台唱主角,YOCSEF的成立,应该说是顺应了青年人迫切发展和成长的需要。

YOCSEF有句口号,叫作"创造机会",其宗旨是整合青年专家的资源和智慧,承担社会责任,促进IT技术发展和应用,同时锤炼青年人才,创造展示才华的机会,帮助他们成长。

❖ 我心向往——一个科技社团改革的艰辛探索

YOCSEF活动的主要形式是论坛和学术报告会。此外，还有学术评价和评奖等。十年来，YOCSEF以敏锐的眼光、引人关注的选题、开放的机制和鲜明的风格，举办了多次专题论坛，仅在北京就举办了近60次，如果包括13个分论坛就更多了。其中不少论坛在业界乃至社会都引起极大的反响，比如"18号文件给我们带来什么？""中国IT发展的机遇何在？""中关村和硅谷的差距何在？""从'汉芯'事件看学术诚信""从SCI反思中国的学术评价体制"和"软件学院的热潮和困惑"，等等。北京举办的YOCSEF报告会每年都不少于8次，十年来已经超过100次。这些论坛和报告会是YOCSEF输出的主要产品，也是它的财富。

YOCSEF具有民族忧患意识和社会责任感。这种责任感表现在对国家大事，对国家政策层面，对教育、科研、产业、应用的关注，论坛的选题就充分体现了这一点。YOCSEF的社会责任感还表现在对弱势群体的关注。我们从2001年开始，持续地在山西省吕梁地区做教育扶贫项目，捐款10多万元，建了一所小学校。每年都有专家到吕梁讲课、捐助和做社会调查。YOCSEF还发起动议，设立"CCF优秀博士学位论文奖"，现在已经成为学会的一个品牌活动。现在对计算机各领域的学术期刊进行评点和排序，以后将以学会的名义评价并推荐给学术界。我们签署了学术成就承诺书，引起社会各界的广泛关注。这次救灾也是YOCSEF同仁们带的头。

YOCSEF论坛的特点是直抒胸臆，开门见山，所有的参与者一律平等。报告会强调要快、要新、要高。YOCSEF强调开放、规则和竞争。YOCSEF逐步对各地产生影响，YOCSEF的制度和文化也传递到分论坛各个角落。YOCSEF另外一个作用就是关注年轻人的成长，给他们搭建平台。十年过去了，有一批专家在这里受到了锤炼，现在已经走到各个工作岗位，其中有的在领导岗位，有的在学术岗位任重要职务，有的人当选了院士。当然，YOCSEF不是自唱自恋，它从创建的第一天起就和学术界前辈有非常好的关系。从开始发展到现在，一直得到学术界前辈的指点、关心和帮助。比如这次十周年的纪念，YOCSEF指导委员会的专家（学会名誉理事长张效祥院士，原副理事长汪成为院士，以及现任理事长李国杰院士）都写了文章，指出YOCSEF的成就、成果，勉励YOCSEF同仁，也指出不足和未来发展方向。没有老一辈的关心、支持和指点，YOCSEF就没有今天。

　　YOCSEF十年来，每个同仁胸中都怀有一个理想，我们不能光空谈，还要解决实际问题。我们自己也知道，YOCSEF如果不能继承和发展，就有危机，所以我们常常谈论："YOCSEF未来会怎么样？"我们把活动的成效以及应发挥的作用放在最重要的位置。今天上午，YOCSEF开了学术委员会全体会议，新任主席和新一届学术委员会上任，我想，YOCSEF新一轮的变革就从今天开始。

　　纪念YOCSEF十年，除了盘点自身的成功与教训以外，就是要放眼全国，以更宽的视野审视整个IT界。所以我们策划了今天这样的特别论坛，特别邀请了七位在不同领域很有代表性的专家，从不同角度阐述中国IT十年来的情况，同时展望未来。借YOCSEF十年纪念之机，YOCSEF的学术委员会还评出了十位"中国IT十年杰出青年"，针对过去发生的十件大事，我们内部评出了"最有影响的十个论坛"和对YOCSEF做出重要贡献的特邀讲者。

　　本次YOCSEF创建十周年纪念会，也是YOCSEF发展的新起点，让我们共同期待，共同努力！

（2008年6月）

关于分支机构 ❖

YOCSEF向何处去

YOCSEF（Young Computer Scientists & Engineers Forum，青年计算机科技论坛）创建二十年了。在过去的若干年中，围绕着"YOCSEF是应该继续办下去还是应该关闭"的问题一直在争论。"关闭论"的观点是：CCF在制度上的变革已基本完成，YOCSEF的使命可以终结，没有存在的必要了。"存在论"的观点是：促进社会改变是青年的责任，而且总有年轻人要成长起来，他们需要成长的舞台。在YOCSEF创建二十周年之际，有必要对这个问题进行梳理。

CCF为什么会有YOCSEF呢？这和当时学会的背景有关。二十年前，CCF理事会被一些人"垄断"，年轻人没有话语权，甚至连加入学会的权力都没有。（对不起，那时CCF不发展个人会员！）我被调到学会后无所事事，想改变但什么也改变不了，于是想到，我国计算机领域这么多年轻人，大家渴望交流，渴望针砭时弊"指点江山"，应该为年轻人搭建一个可以说话的舞台，于是我就弄出了一个"青年计算机科技论坛"。我的想法是：要创建一个和学会现有体制完全不同的全新组织，它民主、扁平化、开放、有活力，其成员之间是平等的，大家有理想，有抱负，敢担当。

YOCSEF成立后，组织了几次有影响力的论坛。由于论坛选题得当，观点犀利，因此相当火爆，不到两年工夫，在业界和社会上就有了比较大的影响力。这时，学会的一些老同志感觉到YOCSEF对他们的挑战，在常务理事会上"拷问"我："YOCSEF既不是专委，也不是工委，是一个什么东西？"确实，YOCSEF是一个新生事物，前所未有。它首先是一个活动，这个活动由一群热血青年策划和组织，它同时也是某种形式的组织，如同其他学术会议的组织一样。面对质疑和批判，我必须和老同志解释，取得他们的认可，最重要的是告诉他们，我们并没有挑战他们，而是在学会尝试创造一种新的东西。还好，以张效祥为代表的老一辈领导开始认可并支持YOCSEF了，并多次参加YOCSEF的活动，若干非常资深的专家成为YOCSEF指导委员会成员。到后来，他们也认为，YOCSEF要为CCF培养后备干部。他们想法的改变是一个了不起的改变。

YOCSEF的立足之本是社会责任，没有这杆大旗，YOCSEF就没有存在的必要。指导委员会成员李国杰院士勉励YOCSEF成员："要有改变政府决策的力量。"汪成为院士说："年轻人才是明天IT的希望。"YOCSEF就是要关心自己利益之外的社会大事，并尽力改变社会。

YOCSEF之所以有活力，在于有一个好制度，那就是平等、开放和公选制。在YOCSEF，没有几个人"捏咕"后的等额选举，而是敞开大门，让有能力、有勇气的人站出来竞选，这在二十年前的中国是件稀罕事。就这样，YOCSEF把青年精英不断地吸纳到组织中来。YOCSEF这种优秀的组织制度后来慢慢在CCF运用，效果很好，使得CCF一跃成为中国社团改革的排头兵，如果没有YOCSEF，CCF的改革可能需要更长时间的摸索。

"一个好制度胜过一个好领袖"，这是当时的委员侯紫峰提出来的。到底是"制度"重要还是"人"重要，即"法治"还是"人治"，关于这个问题的争论从来就没有停止过。制度是人建立的，又靠人来执行，如果没有人，制度就是死的，是人赋予了制度以生命力。那么，这不就是"人治"吗？非也！"法治"和"人治"的根本区别在于，"法治"是制度在先，形成和修改制度有严格的程序，不能以某个人的意志为转移，且执行彻底，法律面前人人平等。而"人治"的本质是自说自话，即以某个人的话为准绳，而这个人是不受规则约束的。中国清朝以及此前历代封建王朝无不如此。习近平总书记提出"要把权力关进制度的笼子里"，本质上就是中国要实行法治，而不是人治。

和任何一个组织一样，YOCSEF要始终保持像创建时一样的活力是一个极大的挑战。创建时的精英们对组织的方向以及如何达成目标有非常清醒的认识，他们不计较得失，而是把本群体的、社会的、国家的利益放在首位并为之奋斗。但是，当这些精英逐渐退出历史舞台后，后来者未必能完全理解这个组织的初衷（初心），组织体系、精英选拔机制、行为方式的改变，都可能使得组织变形，甚至失去生命力。YOCSEF不可能摆脱这样的窠臼，而衰减的惯性又是如此强大。YOCSEF成立两年后即存在危机，于是有了李明树在九华山庄彻夜"整风"的故事，又有了2005年胡事民当了YOCSEF主席后挽救危机的一系列动作：他一上台即按照规则"开除"了4名学术委员会委员，主持召开"中国为什么把学术评价的话语权给了SCI？"专题论坛，YOCSEF的声音开始洪亮起来；他又开启了CCF论文会议列表推荐。后来，YOCSEF成员换了一茬又一茬，在全国发展了不少分论坛，但总体上YOCSEF犀利程度不如从前，影响力在减小。李国杰在纪念YOCSEF十周年时说过："YOCSEF的生命力主要不在圈子内而应在圈子外。"这个"圈子外"指的就是社会责任。

两年前，YOCSEF在CCF遭到了很大的非议，一个是吃吃喝喝，另一个是在CCF理事会换届选举时有委员通过YOCSEF的圈子拉选票，这对YOCSEF的声誉造成了不小的负面影响。究其原因，就是忘记了"初心"，把YOCSEF当成了某些人实现个人名利的场所，这是一个严重的教训。从2017年开始，CCF开始整顿YOCSEF，配备了新的秘书长，恢复指导委员会建制并开了座谈会，开除了几名不合格的委员，把新鲜血液吸收到组织中来。经过一年多的努力，YOCSEF已经发生了可喜的变化。从长远来说，YOCSEF不应该采取运动式的整风，而应把净化组织常态化。

"活着还是死去"（To be, or not to be），这是一个问题。这个问题所有的组织都要考虑，YOCSEF也一样。进则兴，退则亡，这是不以人的意志为转移的。青年人需要通过承担社会责任来磨炼自己，让自己具有责任感、把握问题本质的能力以及表达和改变的勇气。社会永远需要有担当的精英，而YOCSEF应该成为这样一种力量，一种社会的正能量。从这个意义上讲，YOCSEF需要永远存在下去。

（2018年4月）

❖ 我心向往——一个科技社团改革的艰辛探索

让YOCSEF回归正道

2018年，CCF YOCSEF（青年计算机科技论坛）过了二十岁生日。一个活动开办二十年还没有死去，是一件了不起的事，值得庆贺。但在过去的几年中，业界和CCF内部对YOCSEF的质疑和负面评价不绝于耳，在庆祝其创建二十周年的时候，就有人建议将YOCSEF关掉。当然学会也有人认为，YOCSEF仍然可以成为青年才俊的训练营，其继续存在是有意义的。此前曾进行了几次关于YOCSEF的反思和改革，但终不见效，以至于发生2018年年底YOCSEF学术委员会换届选举时一位YOCSEF前主席为他人大范围拉选票的事情，可见"病情"已经非常严重了。为此，CCF常务理事会就YOCSEF的问题进行了专门讨论。常务理事会认为，拉选票行为严重影响了选举的公平公正，背离了YOCSEF的价值追求和文化，YOCSEF内部要进行反思，要使YOCSEF回归其活动的属性。CCF必须对其进行整顿和调整，加强管理，CCF秘书长要承担起管理的职责，要对YOCSEF活动的质量及活动组织者的选择负责。YOCSEF分论坛数量要收缩，要在当地规范地开展活动，分论坛之间不宜频繁"串联"。根据常务理事会的决议，经过一段时间的酝酿和讨论，学会于2019年4月推出了对YOCSEF的改革举措。

YOCSEF的属性是活动。YOCSEF于1998年创建时，CCF还在旧体制中运行，YOCSEF在举办活动的同时也在尝试全新的组织运作模式，如开放式选举，成员一律平等，敢于相互挑战，遵循严格的淘汰制度。在初创的前8年，它为CCF从2004年开始的全方位改革进行了有益的尝试，奠定了良好的基础，具有重大的历史性贡献。经过15年的变革，CCF已经发展到了一个全新阶段，构建了较完善的制度体系和治理架构，因此，YOCSEF探索新制度的历史使命已经完成，学会有必要根据CCF的发展需要及YOCSEF的自身发展进行调整。从现在起，YOCSEF以活动为中心，改变过去组织机构可自治的特点，负责活动开展的学术委员会（AC）成员经选举产生，但要经过CCF总部批准方可任职，也可由总部直接任命，CCF总部有权解聘AC委员和主席。取消AC主席任职时的宣誓环节。关于活动组织的规则也由CCF总部制定和发布，由YOCSEF AC执行。

使命：承担社会责任，促进青年人成长。为此，在选人方面，YOCSEF AC委员要满足三个必要条件：衣食无忧、小有成就、有促进社会进步的强烈愿望，缺一不可。YOCSEF影响力降低，究其原因就在于有的成员社会责任缺失，考虑个人利益多于社会责任，对敏感问题不敢发声，怕承担责任，而选人的范围变成了小圈子，"近亲繁殖"后把不满足条件的人选了进来。未来，CCF必须挑选有潜质的、敢于挑战的青年才俊在这个平台上锤炼，YOCSEF应成为CCF青年精英的训练营。

核心活动是论坛。YOCSEF是以论坛为其鲜明的特征创建的。所谓论坛，就是一个思辨的平台，大家就一个关系到计算机领域的公共政策或技术问题展开辩论，以期明辨是非，发现真理，提高认识，促进社会进步。这里的"论坛"和社会上的以演讲报告为特征的所谓论坛是截然不同的。近年来，YOCSEF论坛选题不够犀利，会上思辨性不足，锐气消失了，吸引力和影响力大为下降。未来的YOCSEF的选题可分为两种，一种是关于公共政策，另一种是关于学术/技术，无论何种选题，均是思辨式，传统的报告会或单向宣讲式将被取消。CCF总部将对YOCSEF从论坛的选题、思辨程度、影响力等方面进行评价。

实行AC委员竞争淘汰制。没有竞争就没有进步，没有淘汰就没有优秀。对YOCSEF AC委员将实行竞争淘汰制，CCF总部每年根据AC委员的能力、贡献和影响力决定末位淘汰名单。这意味着，每个委员不但要好，而且要比其他人更优秀，这如同体育竞技中的比拼。当然，这里的淘汰并非惩罚，而是磨炼AC委员意志的重要环节。YOCSEF将为那些不惧怕挑战和竞争、有理想的青年才俊提供平台，如果委员不敢接受这个挑战，则不要进入。AC委员被淘汰一年后，还可再次申请进入。一般情况下，AC委员服务三年后可以退役，特别优秀者可授予"优秀委员"

称号,但数量极少,废除原来的荣誉委员称号制。对于希望继续锤炼的优秀委员,可适当延长任期。

引入外力监督。YOCSEF原设有指导委员会,由在CCF任职过理事长者和德高望重者担任,为YOCSEF提供方向性指导。这个委员会现更名为顾问委员会,职责不变。

新设立的YOCSEF指导委员会(Steering Committee,SC)代表CCF总部专事对YOCSEF的支持、监督和评价。没有监督就会发散,没有外力就没有正道。从人类文明几千年的发展总结出一条,那就是"没有监督的权力必然导致腐败",这个监督是外部的,而不是内部的,因为自己无法监督自己。CCF设有监事会,使得CCF理事会工作合规和收敛。没有外部监督,导致内部循环形成小圈子而不能破局,YOCSEF在外部监督制度上存在的缺失,现予补上。SC的主要任务是:①推荐候选AC委员;②批准AC的选举结果和年度活动计划;③评价YOCSEF活动,评价AC主席和委员的贡献,表彰优秀,淘汰后进;④审视或制定相关规则。SC设主席一名,委员4~6名,其中一名为YOCSEF秘书长,该秘书长是由CCF秘书长派驻YOCSEF的常任委员。SC由CCF秘书长任命,任期3年,每年更新2名。

分论坛和开放式。现以城市为单位设立的分论坛可以继续开展活动,但必须是论坛而不是报告会,且举办前必须经SC批准。SC每年根据分论坛举办活动的质量和数量决定保留或撤销分论坛。未来,YOCSEF将改分论坛组织中心制为活动中心制,按

"申请-批准-实施-评估"的流程开展活动，任何CCF会员均可联合其他会员提出举办YOCSEF论坛的申请，经批准后执行。举办成功者可得高分，未来申请时可获优先批准，不成功者将在短时间内失去再申请的机会。

经费。按产品的思路经营YOCSEF活动，组织者必须通过门票或赞助获得开展活动所需的经费，并争取对总部有财政贡献。

这次是CCF对YOCSEF者较大动作的一次改革，有些现任的AC委员可能不理解，认为这是对他们不信任，减小了他们的权力，有抵触情绪。这不奇怪，相信他们慢慢会理解。实际上，任何改革都不可能一蹴而就，但如果方向是对的，在实践中观察和及时调整，那结果必会逐步收敛到正道上。我们要抱着勇于修正错误、大胆探索的心态来实施这次变革，就如同当年YOCSEF勇于创建一种新的制度一样。我们希望经过改革，让CCF YOCSEF成为愿意推动社会进步甚至改变世界的有理想的年轻计算机科技工作者的聚集地，成为青年精英的训练营，让"正道"的价值观照耀他们成长的道路。

（2019年5月）

关于其他问题的论述

下面几篇比较杂，是遇到一些问题时发表的自己的观点，如名人过世后的纪念文章、问题研究、针对重大事件发表的议论等，但更多的还是针对某一问题阐明自己的观点，有些文章也是应CCCF编辑部的邀请而作。应该说，前面的几篇文章尽管不长，但我对它们还比较满意，因为这些都是我深度思考的结果，而不是人云亦云。最后有两篇是关于吕梁扶贫的，也放在这里。

❖ 我心向往——一个科技社团改革的艰辛探索

创新就是解决现实问题㊀

"创新"是当下国内时髦的词汇和口号,在许多文章和场合中都会用到这个词汇,诸如创新团队、创新人才、创新项目等。"创新是一个民族进步的灵魂,是国家兴旺发达的不竭动力",真可谓振聋发聩。也有这样讲创新的:原始创新、集成创新及引进消化吸收再创新,云云。似乎,不用"创新"这个词汇就不够创新,就可能被认为落后了。

但遗憾的是,这些都没有讲清楚创新的本质!搞不清创新的本质,不仅不会创新,做不到点子上,还会妨碍发展,走入误区。所以,要创新就要搞清楚创新的本质是什么。

一、什么是创新的本质

根据美国韦氏大词典给出的定义,创新是:新思想,新方法(make something new: new idea, new method);做有用的事

㊀ 本文根据2011年7月16日在CCF YOCSEF专题论坛"中国IT如何进行原始创新"上的演讲整理而成。

(make useful things)；发明（invention）。对前两点我有些质疑。"达芬奇家具"在保税区转了一个圈就成了进口货了，这也许叫"新思想、新方法"，但属于创新吗？我渴了，请你给我瓶水，这是做了"有用的事"，但不是创新。

发明可以算作创新，但发明能不能变成生产力是另一码事。人类有不少伟大的发明，如活字印刷、蒸汽机、望远镜、电、电灯、电话、无线电、自来水笔、抽水马桶、激光、汽车、飞机、电影、照相机、电视机、电子计算机、传真机等。这些发明极大地提升了人们的生活质量，推动了人类的文明进程。还有一些是改变人类进程的伟大发现：磁电转化定律、能量守恒定律、万有引力定律、微积分、化学元素周期表、相对论等，还有作曲家巴赫发明的十二平均律、美国心理学家马斯洛提出的人的五个需求层次模型、瑞士心理学家荣格发现的集体无意识，等等。这些发现，有自然科学方面的，也有社会科学方面的，它们都对人类的发展进程产生了重要影响。

综上所述可以发现**创新的本质：一类是解决现实问题，这属于技术范畴；另一类是发现和解释自然或社会现象，这属于科学范畴。**

如以色列严重缺水，通过滴灌技术解决了种植问题，这就是解决了现实问题。如DNA双螺旋结构的发现，使人们清楚地了解遗传信息的构成和传递的途径，"生命之谜"被解开，这就是科学问题。在社会实践中，95%以上的问题属于第一类问题，即解决现实问题，仅有很少一部分人从事科学研究和探索。当然，"技术"和"科学"问题是有关联的。

有许多现实问题等待我们解决，如能源、材料、交通、环境、教育等。由于交通拥堵，北京就搞限行，这是行政限制，不是创新。而新加坡和伦敦通过经济杠杆解决拥堵问题就很有效果。有的国家的城市还设立多人乘车（car pool）专用通道，鼓励拼车，这就是创新。

二、为什么要创新

其实，人的本性是好逸恶劳，希望不劳而获，少工作多享受。那为什么还要创新呢？要创新，就要搞清楚人们创新的源动力，从人的本性、利益竞争和生产力等方面进行探讨。

首先，人类从事科学研究和探索就是创新的过程，人们在满足了自己的生存条件以后有多余的精力进行和生计无直接关联的探索活动，是为了自己的兴趣和快乐。

其次，创新是为了提升竞争力，不受制于人。比如甲午海战，由于我们没有坚船利炮就输给了日本人。现在中国制造航母，也是要能够控制自己的海权。就IT领域而言，你要用英特尔的芯片，用微软的操作系统。没有竞争力就没有话语权，就要听人家的，从一个国家到一个组织乃至个人都是这样。

最后，创新是要提高生产力，创造更多价值。具有高附加值的产品卖得很贵,如波音公司的飞机。方正的电脑排版系统也把印刷行业的生产力提高了不知多少倍。而产业链低端产品却只能赚很少的钱,比如中国为国外企业加工衣服和鞋子。生产力的提高还能使人少做事、多享受,提高生活品质。过去我们一个星期要工作六天,现在生产力提高了,一星期只工作五天,甚至四天半。

三、如何判别是否创新

创新不是一个具体的"工程"。研究科学本身就是创新。创新不是一个终极目标,也不是一个看得见的东西。创新是一个理念、一个过程、一种思维方式。创新不限于技术,还包括制度和方法,创新无处不在,是任何人都可以从事的东西。今年是"辛亥革命"一百周年,当年在孙中山领导下用武力推翻了清封建王朝,建立了中华民国,这就是制度创新,属于颠覆性创新。1978年中国开始改革,针对当时的生产关系远远超前于生产力发展的现状,邓小平提出初级阶段理论,允许分田到户,实行联产承包责任制,第二年粮食就富裕了。而私企和股份制企业的兴起调动了社会各方面的积极性,大大提升了生产力,这是恢复性创新。还有,"一国两制"的提出和实施也是一个"解决现实问题"的制度创新。

我们倡导的"学术"一词包含"学"和"术"两个不同的含义:学,是原理、机理、规律等,是科学;术,是技巧、方法、技术等。我们要问问我们自己,我们所从事的是"学"还是

"术"？我们常常能听到这样一些说法：我得到了863、973、基金委的项目；得到了多少科研经费；获得了国家级什么奖；当上了什么院院士；发表了多少篇SCI/EI论文；填补了国家空白……这就是创新吗？抱歉，不是！那是你获得的资源，或者是你获得的外部评价，我们需要你回答的是：你解决了什么问题，发现或解释了自然界或社会的什么现象或规律。

在技术层面内解决现实问题，在科学范畴内发现与解释自然和社会现象，这两点应该成为创新的判别式。

四、创新力的必要条件

中国人聪明且勤奋，但创新力较弱。阻碍中国创新的原因有多方面，其中最主要的三方面原因如下。第一，人的问题。个人的创新力严重不足，问题出在教育。我国教育的异化使得难以培养出具有创新力的人才来。钱学森去世前问过温家宝总理三次：为什么我国现在的高校培养不出大师级人才？答案很简单，追求标准答案就扼杀了学生的创新力，尤其是全国统一的高考制度及大学没有办学自主权使得人的潜力得不到很好的挖掘，身心不能自由伸展，不会独立思考，不知如何解决问题。第二，目标问题。科技目标的异化是阻碍我们创新的主要原因。我们常常不是为了解决问题，而是为了获得项目、经费，进而拿奖和当什么士。我们要问自己：我们为什么而干？我们解决了什么问题？发现了什么规律或者原理？第三，体制问题。科学本是有兴趣而为者的工作，但是许多大学教授和科研人员不得不为饭碗而战，使得他们难以拿出相应的成果。如果解决了以上三大问题，中国做出真正的科技成果才是可能的、现实的。

如何才能创新？没有充分条件，但有必要条件。第一，要学会置疑，要有批判性思维的能力和习惯，就像陈寅恪在纪念王国维的碑文上写的"独立之精神 自由之思想"。北大校长蔡元培倡导学术自由，兼容并包。为什么要强调学术自由？因为思维不自由就不能找到问题，也不会找到正确的方法。高校为什么要学术自由，因为大学教育主要就是训练学生的思维，框框在先就不能提高思维能力。第二，要找问题，知道问题在哪里。不能像唐·吉诃德那样举着剑对着风车乱砍一气。找问题的能力是一种重要的能力。第三，要解决问题，这是最终目标。找问题和解决问题是不能分开的。要找到合适的问题并解决问题，必须广博精深。苹果公司CEO史蒂夫·乔布斯在美学方面有很深的造诣，所以他设计的苹果产品很受客户欢迎，供不应求。著名科学家钱学森不但是伟大的物理学家、火箭专家、系统工程专家，且音乐造诣也很深，小提琴拉得非常好。

不置疑（或不容置疑），没有批判性思维能力，不按教育规律培养人，不正确的人才评价制度，从事科研以谋求更多的个人利益，国家用于科研人员自身的经费不足，扭曲的科研制度，等等，每一条都是妨碍创新的重要因素。要想创新，就要先改变上述几个方面。

五、创新案例

看看一个有真正创新力的大科学家是怎样炼成的吧！安东尼·莱格特（Anthony J. Leggett），英国人，中学学习的是拉丁语，后来到牛津大学学语言和古典学（古希腊古罗马历史和哲学），每周参加数次辩论会。毕业前转学物理学，后获得牛津大学文学和物理学学士学位，后又获物理学博士学位。2003年获得诺贝尔物理学奖。2010年他到我国大学演讲时，人们问他，你原来是学哲学和历史的，为什么转行跨度这么大，还能够获得这么大的成就？他说："哲学并不是一种观点，也不是书本知识，而是一种思维方式。正是早年的哲学学习为自己提供了批判式的思维方式。"这就是目前任美国伊利诺伊大学教授的莱格特的心路历程。

还有一个案例就是马桶。如果不是有人利用虹吸原理发明了抽水马桶，不但人们的"方便"很不方便，而且整个城市都会臭气熏天。这种创新不但有科学原理，也有技术。

计算技术发展的过程也是一系列创新的过程。如20世纪40年代，约翰·冯·诺伊曼把图灵的可计算性理论变成了计算装置，使得我们现在进入了信息时代。斯坦福研究所的道格·恩格勒巴特和同事们于1968年在美国加州旧金山发明了鼠标，使得操作电脑变得异常容易。20世纪60年代末由美国军方采用简单的TCP/IP协议构建的互联网，将整个地球的各个角落连接了起来。王选和他的团队发明了激光照排技术，把铅字送进了博物馆……

今天我们举办的CCF YOCSEF也是一个制度创新的案例。1998年由CCF创办的青年计算机科技论坛（YOCSEF）是一个非常有活力的青年组织，除北京外，已在全国20个大城市设立了分论坛，成为青年人成长的平台。CCF在短短的七年中得到了长足的发展，靠的是理事会和学会会员的创意、正确的办会方向、良好的制度以及很强的执行力，是一个了不起的创新。

结论：创新不是遮羞布，也不是口号。创新就是要解决现实问题；创新要融入人的思维中；创新是一个过程；创新无处不在，是每一个人都可以从事的东西。只有抓住创新的本质，才能有所作为。

（2011年8月）

❖ 我心向往——一个科技社团改革的艰辛探索

科学、技术和工程

中国常把科学和技术放在一起说成"科技",也有"科学技术是第一生产力"的说法。这种含混的说法导致评价和行为上的错误,对中国的科学和技术发展有害。

科学(science)的作用是发现和解释自然或社会现象,爱因斯坦的相对论、生物学中的DNA双螺旋结构模型等是自然科学的例子,荣格的"集体无意识"是社会科学的例子。科学能发现规律并解释规律,让人类了解自然,但并不能直接创造经济价值,所以科学还不是生产力。"科学技术是第一生产力"是指技术,而不是科学。

技术(technology)是人类在长期利用和改造自然的过程中积累起来的知识、经验、技巧和手段,近代以来发明的技术大多基于科学理论。比如知道了激光原理以后,发明了激光通信、激光加工等技术,广泛用于各个领域。但技术发明并不总是依赖科学原理,有时在不懂科学原理前也会有技术发明,但难以走远,比如中国发明了火药,但并不知道其化学原理,因而没有发明火炮。

工程（engineering）是用现有的成熟技术（群）和其他元素完成一项有实用价值的人造物或产品，曼哈顿计划、两弹一星、北斗系统等都是工程。很好的技术并不意味着很好的工程，只有将技术成功运用在工程中，才能取得预想的效果。

科学要回答"是什么"和"为什么"的问题，技术则回答"做什么"和"怎么做"的问题。没有科学原理，就没有先进技术的发明；没有足够多的实用技术，就不可能完成工程任务。科学、技术和工程相互之间有密切的关系，但均有各自的特点和规律。因此，从事科学、技术研究和工程建设必须遵从不同的方法论，也有不同的评价方式。

科学是探索性的，事先并不知道会有什么结果，往往是长期积累，偶然发现。因此，对于从事科学研究的人，要给予充分的自由度，不能要求什么时候一定要出成果。对于技术发明，尽管有明确的指向性和可达成的目标，但也需要积累，具备一定条件，比如对原理的理解，对相关材料的要求以及符合要求的加工工具等。实现工程目标除了要求技术成熟之外，还需要一套复杂而严密的管理手段。

科学、技术和工程有不同的特点，其评价标准相差很大。很多人往往把三者混为一谈，把科学看成技术，甚至看成工程，往往采用工程管理的办法对待基础研究和高技术研发。如果原理还没有搞清楚就匆匆上马做大工程，无疑是拔苗助长，造成巨大的浪费。《量子计算五人谈》[一]为理解科学、技术和工程解剖了一个鲜活的案例：通用的量子计算和量子通信目前属于基础研究阶

[一] 孙贤和. 量子计算五人谈[J]. 中国计算机学会通讯，2019，15（2）：46-51.

段，还不到盲目上大工程的时候。

基础科学研究应主要靠公共财政投入，由科学家自由探索。技术可以创造价值，其投入应主要由市场来决定，而不是政府，但关系到国家安全和公共福利的技术研究，则需要国家投入，如两弹一星。发展CPU和操作系统等核心技术的关键是培育产业生态，需要长期的技术积累，最终只能靠有能力的骨干企业来实现。

尽管科学与技术的边界往往难以非常清晰地界定，但不了解科学、技术和工程的本质差异，就会犯极大的错误，现在是正本清源的时候了。

（2019年2月）

唐卫清（左）、梅宏（中）、杜子德（右）
在2020 CCF颁奖典礼上合影

关于其他问题的论述

杜子德宣布2020 CCF颁奖典礼开幕

❖ 我心向往——一个科技社团改革的艰辛探索

计算思维及其意义

尹宝林教授在 *CCCF* 上发表了《编程实践是培养计算思维的必由之路》[⊖]一文，探讨编程和培养计算思维的关系，我很赞同他的观点。早在2006年3月，周以真（Jeannette M. Wing）在 *CACM* 上发表了《计算思维》（*Computational Thinking*）一文（译稿发表在 *CCCF* 2007年第11期）。周以真的文章发表后，引起了国内计算机教育界的高度关注，有众多专家发表有关计算思维的看法，有的高校还在课程中增加了计算思维的内容。但据我了解，国内把这件事搞清楚的人似乎不多，问题在于：从概念出发，没搞清计算思维的本质。

我们从初中开始学习平面几何，就是为了训练逻辑思维，让学生通过公理从点、线、面等元素中找到关联关系，进而证明一个结论。尽管我们现在日常工作中很少用到平面几何的知识，但这种逻辑思维已经融入我们的脑海中，无时无刻不在影响我们的思维。

⊖ 尹宝林. 编程实践是培养计算思维的必由之路[J]. 中国计算机学会通讯，2019，15（10）：55-57.

计算思维有点类似。人们把一个要解决的问题构造成一个模型（行话叫算法），用计算机能理解的语言（通常要通过编译）编程（描述该模型），再让计算机执行程序，最终形成结果，这个过程就是计算思维的过程，这有点像平面几何中的"已知、求、解"。人类的认知规律是从实践到理论，从现象到本质，即从问题出发，通过解决问题总结出规律，再用总结出的规律解决新的问题。因此，没有编程实践而空谈计算思维是没有意义的，这也是很多高校多年来进行抽象的计算思维教育而收效甚微的原因。

实际上，即使从事的不是计算机专业工作，计算思维也是非常重要的。有了计算思维就会知道如何将一个问题抽象，变为让计算机可"理解"的形式，即可计算模型，这个计算能够收敛并在有限的时空内得出结果。有了计算思维就会了解如何把一个大的问题分解成一个个子问题，再把子问题分解成子子问题，直到不需要分解，这就是自顶向下和结构化设计的方法。有了结构化设计思想，就能简化问题，从而"分而治之，各个击破"。有了计算思维就会明白正确性和可行性的关系与区别，就会明白解决问题的方案不仅要在理论上正确，而且要在实际中可行。

具有计算思维就会清楚如何清晰定义一个数据类型（角色）和对其的操作，还会了解如何用最短的编码表征一个数据。如果规章制定者学过编程，就不会在法规中使用"一般""原则上"和"试行"这样的词汇；如果公安部门在身份证编码中使用字母和数字，就不会把身份证编码成18位，而你的生日这一重要信息也不会暴露在"光天化日"之下。

有了计算思维就会知道如何定义标识符，了解如何定义全局变量和局部变量及其作用域（权限），了解指针及通过函数的参数传递结果是多么巧妙！当然也不会编出有goto语句使结构紊乱的程序。

计算思维作为一种重要的思维方式，仅靠抽象的理论是训练和培养不出来的，但只要动手编程，情况就会大有不同。据我十多年的计算机工程实践经验，对于一个计算机专业人士，没有写过两万行代码，大概还达不到那个境界，那自然也体会不到程序的美感。

学校应当停止那些概念式的教学方式，而应该从编程开始，在这点上，没什么捷径可走！

（2019年10月）

科普的难处[一]

科学不是生产力，对人类无法产生直接的用处，但是可以让我们更好地了解自然和人类自身。正是千百年来人类对自然界的好奇心和不断探索的欲望，才逐步扩展了人类的视野，从而更好地利用自然，并与自然和谐相处。因科学而产生的技术，又大大地改变和改善了人类的生活。科学十分深奥，科学工作者通常需要经历数十年的教育和科研训练才可对一个学科有较为全面的理解，而一般大众则没有这样的机会。让大众了解科学，需要科学家以大众所能接受的方式传播科学。科学传播（science communication）是国际统称，中国称之为科学普及，简称科普。从事科学探索很艰难，而传播科学也同样不是一件容易的事。

一、为什么要传播科学

人们的日常生活中充满了科学，科学常识可帮助大众做出明智的判断（人们往往因为缺乏科学常识而犯低级错误）。科普不

[一] 本文由作者和美国加州大学洛杉矶分校天文学博士杜辛楠共同撰写。

但有利于人们的日常生活和工作,还可以让他们了解科学并支持科学研究,理解科技工作者的工作及其价值。向青少年传播科学有助于他们了解科学并热爱科学,促使他们长大后将科学研究作为终身从事的事业。我们常常发现这样的案例:孩子们在中学阶段接触了某一门类的科学讲座,而在其后的大学和研究生的学习中也选择了这门科学作为其研究方向,甚至作为终身职业。

让公众了解科学及其意义是每个科学和技术工作者的职责,也是科学研究机构(大学和研究院所)的职责。进行科学研究的经费大多来自公共财政,因而科技工作者有责任和义务向公众普及科学原理和知识。对此,不同的国家有不同的文化和政策。就美国而言,大学教授必须完成向大学生授课、科学研究和社会服务三项任务,科研经费中有一部分预算就是专门针对科学传播的,美国国家科学基金会(NSF)就是如此。中国则有所不同,科研经费中并没有专门的科普经费,而对科学工作者也没有科普的刚性要求,科普往往只是少数科学家的业余爱好。CCF一直设立有科学普及工作委员会,但长期以来,CCF主要通过信息学奥林匹克竞赛(NOI)带动学有余力的中学生学习计算机科学,真正的科普活动始终没有做起来。CCF不是不想做,而是没钱做,没多少人想做,没多少人会做,直到半年前才创建了一个真正意义上的科普工作队,但实质性的工作尚未开展。国内其他科技社团的情况也好不到哪里去。上述几个因素导致我国的科学传播水平还处于较低的水平,公民的科学素养自然也不高。

二、科学传播要解决的问题

向大众传播科学，需要解决如下几个问题。

文化和机制问题。我们应该培育让科学家主动向大众传播科学的文化，使传播科学成为科学家的自觉行动。所谓机制，就是在科技人员承担项目时，把科普当成一件刚性任务去完成，科研经费出资方及科研人员所在单位也要把科研人员是否完成足量的科普任务作为考评的一个指标，而不是可有可无。

经费问题。从事科学传播需要钱，即使科研人员进行科普是义务，但差旅、场所、传播过程中需要的设备或装置都需要钱。根据杜辛楠㊀在美国的实践经验，每次科普结束后，组织者还会聘请第三方专业评价机构进行民调，根据民调写成评价报告供科普组织者和传播者参考与改进。显然，评价也需要钱。

科普者问题。科普者是科普工作的核心，没有合格的科普专家就难以达到科普的目的。首先是科学家愿意科普，其次是会科普。目前国内的问题是科普专家匮乏。传播科学和从事科学研究是两回事，你懂得科学，并不见得懂得如何传播科学，这就需要对科学家进行教育学方面的培训，让他们了解如何针对不同的对象进行有效的科学传播。有些学者认为自己已经对所研究的领域

㊀ 2018年于美国加州大学洛杉矶分校获得天文学博士学位，之后在加州大学河滨分校从事科学传播、项目管理及博士后科研工作，2021年12月1日起，在斯坦福大学从事科学传播工作。

深谙其道，对培训不屑一顾，这种认知是不对的。多数科学工作者在教育心理学、传播学方面知之甚少，因此应从教育学角度出发，虚心学习如何做好科普。

科学传播本应是科技工作者和科技社团的职责，但当下我国对科研人员的考核主要看重发表的论文数量，并不考察学者是否做了科学传播，科学传播完全出于学者个人的"觉悟"。对于科技社团（学会）而言，既缺钱，也缺人，让它们组织科普活动确实有点难度。

三、如何传播科学

科学传播的难点在于需要在传播的过程中"见什么人说什么话"，不是简单地"我想讲什么就讲什么"，而是必须明白"我要讲给谁听"以及"我要达到什么样的传播效果"。

针对不同的群体，科学传播的内容和方式也有所不同。被传播对象大致有三类群体：**第一类是从事某一领域的科技人员**，他们熟悉本领域的专业知识，但也需要了解其他相关专业领域的发展动态，了解这些专业领域的进展以及和本领域的关系；**第二类是普通大众**，他们一般缺乏深入了解科学的渠道，对他们传播科学时应讲授科学的原理和在生活中的用处，这有助于他们提升生活中的判断力；**第三类是中小学生**，他们很希望了解科学的原理、其中的奥妙及未来的发展方向，把"奥妙"讲清楚会激发他们未来从事这门科学的兴趣。

适当的传播方式是取得良好传播效果的关键。向非本专业、在其他领域从事研究的科技工作者传播科学相对容易，因为这些人有扎实的科学基础，用科技工作者熟悉的类似学术报告的讲座形式效果会比较好。如果目标受众是一般大众，采取生动且互动性强的讲座最合适，特别是和日常生活相结合的科学讲座。这类讲座的优势在于受众面广，但与每个观众的互动较少。对于小学生，因为他们天性好动，讲座可能不是最佳方式，采用动手或者小组活动的方式会更容易让他们保持注意力集中。这种形式的活动人数不宜过多，互动时最好分组，这样既可以把控现场，还可以和学生们有较为深入的互动交流。如果受众是初高中学生，则可采用讲座和小组活动相结合的形式，并让他们把学到的理论知识用于实践。无论如何，针对青少年科普，只采取单向的传播形式是最为忌讳的。

确定科学传播的内容是传播的核心。传播的内容可通过如下几种方式确定：

1) **项目的刚性要求**。如果政府或单位在某些项目上有明确的科普要求，或科研经费对其资助的科普项目有主题方面的限制，如美国的NSF和美国国家航空航天局（NASA）就有这样的要求。2020年，中国有关部委就要求科技人员在完成国家项目时要进行科普（但未提及经费如何安排）。

2) **受众兴趣**。通常较为理想的方法是通过（每次活动后的）调查问卷收集和分析受众对科学内容的兴趣，从而确定传播的内容。

3) **特定契机**。在人类重大发现或历史事件纪念日时可策划相关的科普活动,例如火星探索、日全食、纪念互联网发明40周年,等等。

举办一场科普活动前,组织者需要明确:这次活动针对的人群年龄和背景是什么样的?希望通过这次活动达到怎样的科学传播的广度和深度?应该采取怎样的活动方式?如何有效传播科学对传播者而言是一大挑战。

根据杜辛楠在美国从事科学传播的经验,在传播过程中,应注意如下几点。

效果为先,少就是多。"讲得越多越好"的思维是科学传播中的大忌。许多人都有"听完了但什么都没记住"的体验,这就是主讲人在演讲时没有抓住受众心理的结果,这样的传播不能算作成功。传播者与其纠结怎样在固定的时间内讲更多的内容,不如考虑如何让受众在有限的时间内记住并理解你所讲的内容。

制定可量化、可评价的科普目标。无论是科普的主办方还是主讲人,都需要制定细节化、可量化、可评价的科普目标,并以此目标为指导来设计活动方式、具体流程及内容。例如,主讲人的科普目标之一可以是"观众能够举例说明某一概念在生活中的应用";主办方的科普目标通常为更高层次的目标,例如"提升大众对该学科的兴趣"。

评价设计。要把科普目标量化(如把了解程度或兴趣程度由低到高分为1~10级),并让活动参与者在活动结束后填写调查问卷,这样,所有的问卷结果可以通过数据可视化地呈现出来,直观且定量地体现本次活动在各个科普目标上的完成度。除了量化科普目标，活动问卷还可以设计开放性问题，如"你在本次活动中最喜欢哪个环节，理由是什么？"开放性问题的回答完全从受众主观视角出发，会展现出主办方意想不到的一些"死角"，对于未来活动的策划和宣传有非常大的帮助。

了解传播效果和不断迭代改进。我们常常看到国内科学界对科普的态度大多是"做了就行"，对科普的效果评价多为"一年做了多少场次，参加人员几何"，但真正效果如何，三缄其口。这是因为我国尚没有足够的评价体系来支撑。因此，制定可度量的科普目标并在活动后进行评价在科学传播中非常关键。

作为一个科技工作者，如果对科学传播确实有兴趣，大概少不了要回答如上问题。科学传播的方式多种多样，但无论采取什么方式，只要多实践、多总结、多迭代，科普的效果就会越来越好。

科学传播涉及国民的科学素养，国民的科学素养也是一个国家软实力的体现，中国应该像过去扫除文盲一样扫除"科盲"。我们不仅需要研究尖端科技的顶级科学家，也需要一个庞大的具有良好科学素养的国民基座。不可想象，一个大部分国民是"科盲"的国家能使这个国家的科技强大并在国际上有竞争力？所以，我们要把科普放到国家战略层面看待，并且在机制、经费和人员培训等诸多方面拿出具体的措施来，而不能只停留在口头上。

（2021年4月）

❖ 我心向往——一个科技社团改革的艰辛探索

专业和专业化的困惑

2019年年底，CCF秘书处召开了员工总结会，我邀请了几位理事参加。他们听了员工们的总结发言后，不约而同地指出了一个问题：学会服务如何专业化？他们在发言前并未协商，却为何提出了同样的问题？他们想说，专业化服务非常重要，或者说CCF的专业化服务做得不够好。专业化这事，已经困扰了我二十多年，以至于到现在我还不是很专业。

他们所说的"专业化"实际上包括三个意思：专业（大学设立的专业，英文是major，实际上是指行当，不是本文要讨论的）、专业人士和专业化（英文都叫professional）。平常我们将某人不专业称为"不着调""土""老外"，有时还将其调侃为"陈奂生"或"居委会老大妈"。说某人"专业"是指其很内行，做的事很像那么回事儿。平常我们说某件事很"专业"，实际上是通过产品推及生产者的行为和生产过程，比如三十多年前我们发现进口的磁带上有一个去除塑料包装的开口，就可以想象生产者是多么细心！所谓专业人士，是指那些具有专门的知识和技能，能按照事先制定的规范和流程完成任务，并能达到人们的预期或认知的专门人士。这里有三个必要条件：首先是人要有专门的知识和技能，特别是像从事科学研究、工程、教育那样需要高智力的工作，更是只方掌握非常高深的知识并受过专门训练的人方可胜任；其次，必须精确，能够按照事先制定的标准完成任务，且过程要符合规范；最后，生产者的身份（资质）、行为及生产的产品或提供的服务符合人们的预期。而"专业化"则是在更深和更广的维度上都符合专业要求，如人、组织、制度、行为及产品（或服务）。上述三个词汇虽有区别，但核心是"专业人士"。

说到专业，我们自然而然地想到德国和日本。我们在购物的时候，如果看到商品是Made in Germany（德国制造）或Made in Japan（日本制造），只要不是价格问题，都会毫不犹豫地收入囊中，为什么？因为我们认为这些商品的品质有保证：生产者、标准、材料、工艺、合格性检查及售后服务都可体现其专业，所以信赖。据说在青岛的下水道里面，发现了德国人百年前留下的维修用备用件。上海市政工程管理局曾收到英国一家工程设计公司发来的"桥梁设计使用年限为一百年，现在已到期，请对该桥注意维修"的信函。还记得电影《泰坦尼克号》上的乐队吗？眼看船就要沉没了，那些乐手还在演奏，因为职责告诉他们，要让人愉悦和安定。如果你在日本乘坐出租车，会发现车里一尘不染，司机一定是西服、领带、白手套，不管你从哪里来，绝不会多收你一分钱。这些都是专业（服务）的体现。

专业化的发展有其缘由。最初的专业化起始于15世纪开始的航海。在海上航行过程中,每一个水手都必须有明确的分工且相互配合,任何的疏忽都可能导致船沉人亡,性命攸关促使水手们变得专业化。技术的进步和生产力的发展是推动工业生产专业化的决定性因素。18世纪中叶,英国开始了工业革命,一系列的技术革命引起了从手工劳动向动力机器生产转变的飞跃,促进了分工和专业化,大大提升了生产力。为了提高效率和保证产品的质量,工业化国家对产品制定了相应的标准和规范,进而对一些岗位的生产者实施注册许可证制度(chartered)。这种注册许可证制度现已在国际上普遍实施,特别是在英联邦国家或地区,如英国、加拿大、澳大利亚等。1946年,国际上成立了ISO(国际标准化组织),使得专业规范在更广的工业制造和服务行业内实施。即使像教育这种柔性的工种,也需要认证,如早在1980年,国际上就有对工程教育进行认证的联盟组织ABET(工程技术认证委员会)。

专业化是由于自身发展的需要伴随着市场竞争而出现的,在一个垄断的、没有竞争的、不考虑效率的社会中是不需要也不可能萌发专业化的。随着社会的发展,除了在工业领域,在组织管理和国家治理、智力劳动(科学、教育、医疗、法律等)、服务行业中,也催生了专业化。

专业化会带来若干好处,首先是效率的提高。术业有专攻,随着分工越来越细,人不可能掌握所有的知识和技能,便挑选自己较专业的部分,分工后可以提高生产效率,提高产品质量和一致性。其次,按照某种规范和流程对生产者进行训练,让其掌握必要的方法和工具的使用,这样既可以保持生产过程的规范化,也可以将这种规范传承和迭代下去。

说到中国的产品,全世界一般认为中国的产品价格便宜。平心而论,中国大部分产品的质量还是不错的,可是为什么卖不出好价钱呢?其中一个因素来自消费者对品牌的认知程度。不是说中国的产品都不好,而是不知道这一次的"这个"好不好。好品质是通过专业化来保证的。有了品质,会赢得信誉,形成品牌,在市场上有很高的认知度和竞争力,自然能卖个好价钱。

就管理(治理)和服务方面,"不专业"现象也常见于我们的日常工作中,外行管理内行就是典型的不专业现象。中国颁布的法律条文后面常常多"试行"两个字,而这"试行"可以长达几年甚至十几年;不少官员一边从政一边还在攻读研究生学位;行政机构从事学术评价;学术机构设有行政级别;大学教授不给学生上课;非政府组织要有挂靠;等等。"不专业"让我们深受其累,不仅导致效率不高,获得的服务品质低下,更使人心情不爽,大大降低了人们生活的品质。

为什么中国在专业化方面做得不够好呢?首先,中国长期以来是一个农耕国家,没有规模化的工业生产,没有专业化分工的条件和必要性。其次,中国人的文化里不具有专业化的基因。中国人不讲究精细,正如胡适先生说的"差不多先生",又如中药的引子中写的"大枣两枚,生姜两片"。这个片有多大呢?没说。中国的烹调也是这样,"加盐少许",一百个烤鸭店有一百种味道。再次,没有充分的市场竞争,没有专业化的动力。1949年以后,中国实行完全国有的计划经济,不存在市场竞争,缺乏专业化的土壤。直到20世纪80年代,特别是加入WTO之后,中国加快了制造业专业化的步伐。尤其是民营企业,由于受到了巨大的市场竞争压力,在专业化发展方面,无论是认知、方法、组织管理上,还是生产过程及产品质量上,都有了显著的进步。但是,政府、医院、学校、NGO等市场化较低的组织,专业化方面还明显欠缺。

导致不专业的一个重要原因是生产者或服务者的角色认知错误或错位,摆不正自己的位置,导致行为失范。比如有人认为为别人服务就是低人一等;受雇于一家公司是一种劳资关系,但有人认为自己应该是主人。有些官员不认为自己是受人民委托来管理一个地区的,不认为自己是公仆,而是"领导者",近期发生在武汉的"感恩"论就是一个鲜活的案例。角色认知首先要看价值观,看是不是向好、向善,如果自私、向恶,那么一切都失去讨论的基础。其次,角色要知晓职责及职责的边界,不承担责任且权力无限的人,不可能扮演好相应的角色,专业化也无从谈起。

可喜的是,中国有些行业在专业化方面已经做得非常优秀,比如大家都能体会到的航空服务,以及海底捞提供的贴心服务。这说明,只要你愿意,要想做到专业化是可能的。

专业化不但取决于个人，更取决于其所在的组织。专业人士通过其专业的行为成就一个组织的专业化，而没有组织的专业化也不可能有其内部员工的专业化。

专业化是一个社会文明程度的表征。要想使社会生产、治理和服务都做到专业，首先需要一个开放且公平竞争的社会环境，优胜劣汰，才能使得上述三个领域逐步走向专业化的轨道。不可想象，一个没有充分公平竞争的社会环境能有专业化社会的出现。

建立法律、标准并加以认证是专业化的重要手段。对于某些涉及人民生命财产安全的行业，须设立标准并对从业者进行认证，如油气、电力、电器、建筑等。对于服务行业，需要服务标准和行为规范。对于公共治理领域，不仅需要给出规范，更要由公民不受干预地给出评价。脑力劳动者，如科学研究者、教师、医生、律师等，也需要进行认证（博士就是对研究者的资格认证）。认证需要立法保障，也需要政府参与，但并非均由政府主导。国际上较通行的做法是政府依法授权独立的行业自治组织进行认证，英国、澳大利亚就是如此。

学校的教育是专业化的基础。学校（姑且只说中小学）要把人文教育放在最重要的位置，要传授给学生系统的知识并对其进行训练，包括价值观、思维、逻辑、规则和契约、口头和书面表达、团队合作等，这些都是未来成为一个专业人士的重要基础。价值观教育包括角色教育（Who are you?）。我们常常教育学生从小要树立"远大理想",说什么"不想当军官的士兵不是好士兵"。在这种思想的指引下,有些人在实际工作中好高骛远,高不成低不就,这就是教育不到位的危害。

岗位培训是更加实用化的职业培训,但主要是岗位规范、工作流程、方法和工具使用的培训,如果在学校期间未能受到良好的教育,单靠岗位培训是达不到专业化水准的。

回到本文开头提出的问题。如果NGO还没有确立真正的社会地位且没有法律保障,如果教育还是应试教育,市场上就不可能为NGO输送符合要求的专业人士,因为学术领域的社团服务毕竟不像开出租车那样简单,而是一种高智力活动。所以,社团服务的专业化将是"路漫漫其修远兮",这也是目前CCF在专业服务方面所遇到的困惑。

(2020年4月)

疫情时期的一点思考

2020年春节以来,全国人民处于巨大的不安和恐慌之中,宅在家里,不能外出,我们还被美国等许多国家"封国"。这是让一种新型冠状病毒给闹的。

这种肉眼看不见的微生物为何有如此大的威力让人类坐立不安?首先是它有很强的致命性,且由于目前缺乏针对病原体的有效药物,染病后很可能导致重症不治。其次,它的传播力及繁殖力极强,神出鬼没,它可以从一个携带病毒的人身上迅速蔓延到周围的人。最后,人身上有没有它,不知道,任何一个看似正常的人都有可能是携带病毒的"嫌疑者"。

如此强大的人类为何在小小的微生物面前一筹莫展呢?实际上,病毒在人类出现之前就在地球上存活了数十亿年,它们的生命力肯定比人类更强大。可在过去的几十万年间,人类居然生存下来了,这得益于人类和微生物的和谐相处,人类通过不断进化增强了免疫力,同时医学也在进步。那为什么病毒隔三岔五就来"耍笑"人类一次?那是人类对它们认识还不清楚以及轻视它们的缘故。

这场突如其来的病毒说明我们国家防疫体系还不够完善，也暴露了计算机界的无奈。在抗击"新冠肺炎疫情"期间，计算机界在病毒基因组测序、医疗影像信息处理、疫情分析、防控和预测等方面做出了重要贡献，但总的说来，计算机界在尽快研制成功新冠疫苗、找到对症治疗的特效新药、发现疫情源头、严格控制病毒传播等方面还是显得束手无策。最终采取的最有效的措施，居然是100年前伍连德博士采取的办法：隔离！

常识告诉我们，数据是对现实世界存在的物质和现象的某种形式的表征，如果没有和现实的物质相对应，数据就失去了意义。另外，我们用计算机处理数据时必须有一种模型（或称算法），而且计算必须在可预期的时空内完成，否则也没有意义。就当下而言，我们不知道如何表示病毒的特征并加以计算，这些幽灵般随人游走的病毒的传播动力学如何，以及如何辨别你我身体里是否携带这类病毒。这次突发事件告诉我们，不管将大数据、人工智能技术吹得如何神乎其神，如果人类对客观世界的认识很有限，计算机就发挥不了太大的作用。

从事计算机专业的人必须清醒地知道我们的计算技术能做什么，不能做什么，如果能做，能做到什么程度。我们必须承认，病毒这事目前仍然远远超出计算技术以及对付它的人的能力范围。从事计算机工作的人可以帮助人类认识客观世界，开发有用的技术，提高社会的疾病防控效率，提高检测和治疗能力，减少人民的疾苦，却不可相信有些人的幻想：人工智能可以取代人类的认知。凯文·凯利在他的书《必然》（*The Inevitable*）里说，全球经济都在远离物质世界，向非实体的比特世界靠拢。对此，我不能苟同！不但是现在，恐怕一万年之后，吃穿住行还是人的基本需求，而这些绝不是比特世界可以解决的。我们确实需要好好琢磨如何开发高新技术进而把物质产品做好，而不是一天到晚总想着比特经济。

　　肆虐的病毒提醒我们要对大自然怀有敬畏之心。我们也切不可在疫情过去之后喜庆一番，说伟大的人类战胜了病毒，而是应该冷静地想一想：我们人类到底需要什么，我们的技术到底能做什么。

（2020年3月）

❖ 我心向往——一个科技社团改革的艰辛探索

IEEE限制审稿事件给我们的启示

2019年5月29日，网传IEEE（电气与电子工程师协会）ComSoc（通信学会）通过该学会所属刊物主编向编委发出通知，要求禁止来自华为的员工参加审稿，这一行动显然来自IEEE的指示。中国的网络上立刻炸开了锅，当天即有学者对IEEE的行为进行了公开谴责，并声明退出IEEE的相关编委会。CCF在确认了信息的真实性之后，于5月30日公开发表声明，表明CCF的立场，谴责IEEE ComSoc的这种行为。

许多学者表达了对IEEE做法的愤慨，对CCF的声明表示强烈支持，但学者或学术团体公开站出来署名反对IEEE做法的却不多。大多数团体保持沉默可能和体制及内部决策机制有关，而中国众多的科学家不公开发声则可能出于多种原因，或感觉此事与己无直接关联，或认为自己人微言轻，或惧怕承担风险，影响此后的学术发展。还有一些学者则出现了某种焦虑：担心文章无处发表，自己的成果得不到认可。

为什么这件事在国内学术界引起如此大的反响？因为IEEE

越过了学术底线，即便在第一次世界大战结束后恢复的索尔维物理会议，也没有拒绝挑起战争的德国的科学家参加。许多人认为IEEE是国际组织，科学无国界，IEEE这样做远远超出了大家的预想。

我们应该明白，IEEE不是一个国际组织，而是一个在美国注册的机构（I是Institute，并非International），只不过美国过去非常开放，常以国际化思维行事，IEEE后来在全球发展会员，于是大家以为它是国际组织。表面上IEEE这次犯了一个常识性的错误，即把"禁止美国公司向华为出口"解释为"禁止华为员工成员参与审稿"，但实际上是其高层决策者价值观的真实表现。即使在6月3日解除了对华为员工审稿的限制，IEEE也并无任何歉意的表示，而只说是为会员规避风险，这样的解释未免太过牵强。实际上，IEEE的行为不仅是对学者的伤害，也是对学术共同体的伤害，更是对中国专业人士的伤害。

长期以来，中国学者把学术评价权让给了外国人，SCI依赖就是明证。2005年，YOCSEF就曾以"我们为什么把学术话语权让给SCI？"为题展开讨论，十四年过去了，情况并未改观。我们固然可以在这件事情上谴责IEEE，但我们没有能力改变外国学术组织的行事规则，我们可以改变的是自己。这次IEEE"风波"给中国、中国学术团体及中国学者上了很好的一课，我们必须深刻反思：**为什么中国没有构建起自己的学术共同体**（学会没有真正的会员，实行挂靠制）？**为什么中国学术界不能独立进行学术**

评价，而要依赖国外的刊物和会议？**为什么没有构建我们自己认可的学术交流平台**，而把"庄稼种在了人家的地里"？

今后，我们仍要在平等基础上与国外学术组织开展合作，但这个世界不同情弱者，如果想要有话语权，只有自己强大。IEEE事件是一面很好的镜子，折射出了我们自己的问题。如果政府能开放并有效监管社团，学术社团能自立自强，学者能自信并结成共同体来保持学术独立，那么解决上述问题并不难，但如果过了一段时间我们就把此事置于脑后，那么IEEE们将来再上演这样的"把戏"也是毫不奇怪的。

（2019年6月）

关于其他问题的论述 ❖

乔布斯对我们有什么意义

史蒂夫·乔布斯走了，就在今年的10月5日！

全世界都为之惋惜和悲痛。除了业界，美、俄、英、法等许多国家元首发表讲话，悼念这位为社会做出非凡贡献的奇才，各媒体都刊登怀念他的文章……

其实说白了，史蒂夫是一个商人，是一个赚了很多钱的商人，但为何他的死对整个世界产生如此大的震动？

他是商人不假，但商人就不能成为使人崇敬的人吗？就不能对世界有巨大的影响力吗？他是一位极具创新力的人，是一位用自己的思维和产品改变世界的人，是一位对其他人的精神有重要影响的人。他很伟大，他的意义已经远远超越了他所创造的产品。

人们怀念他，首先是因为他创造（注意，不是设计）了许多精美又非常好用的产品，他把产品的好用、实用和美有机地结合在了一起。当你拿着iPod、iPhone、iPad、iMac时，当你上网通过iTunes下载音乐，通过App Store购买应用软件时，无不感觉工作和娱乐是一件妙不可言的事。用户可以用一个指头在iPod上很惬意地选择喜欢听的音乐，非常乐意通过iTunes去网上付费下载音乐，而免去了到商店购买的劳苦。如今，苹果销售了2.7亿台iPod、1亿部iPhone和1000万台iPad，100亿首来自iTunes的音乐被下载，足以表明人们对苹果的认可。其实，苹果的产品已经超越了一般产品，人们在购买苹果产品的同时，也购买了艺术品、惬意和快乐。我们应该感谢史蒂夫的创意和作品。

通过苹果的产品，人们逐渐认识了史蒂夫。我们知道，史蒂夫的身世以及他的经历并不平坦。他是一个私生子而被另一个家庭收养，当他的养父母希望他能够得到大学文凭时，他却主动辍学，自己干起了公司。可是，谁能料到，他居然在众目睽睽之下被自己创办的公司解雇了，他生命的全部支柱就要坍塌，这对他是毁灭性的打击！但他没有倒下，随后他自己创办了NeXT公司和Pixar公司，其中的磨难与艰辛又有谁能知晓和体味？但是，他创作的《玩具总动员》使得他和迪士尼公司合作非常成功，而苹果公司的危机使得它通过收购NeXT公司把史蒂夫重新聘了回去，于是，奇迹又发生了。回顾他的一生，他始终执着和专注，做着自己感兴趣且专长的事。他能凭自己的感觉站在用户需求的前面创造，"follow heart and intuition"（随着自己的心和直觉）。在我来看，他的这一点对我们太有价值了。前不久，在YOCSEF Club活动上，学会理事长李国杰教授告诫YOCSEF的年轻人们，要敢于在刚参加工作、生活有困难时去奋斗和创造，而不是等待衣食无忧之时。不过实际上，并非在场的每个人都能听得懂他说的话。

我去年读了《乔布斯日记》，又阅读了2005年他在斯坦福大学毕业典礼上的讲话内容，对他的心路历程有了更深入的了解和理解。今年9月的一天，我过了我56岁的生日（忽然想到，鲁迅是56岁去世的），我忽然感觉到无比轻松，于是对着一群朋友叫道："假使我长寿，能活到80岁（太奢侈了！），那我在这个世界上也只剩24年的光景，这有多美！"朋友笑我为何说出这种话来。当然，我不会到那个年纪就自寻短见，我可能比那个年纪活得更长，或者更短，都不要紧，重要的是，到目前为止，我已经创造出了足够使我欣慰的东西，享受了足够的快乐，难道还不满足吗？更何况，我还可以继续创造。

史蒂夫对死亡有一种非常坦然的态度，而不是恐惧。他在斯坦福大学毕业典礼上演讲时说："没有人愿意死，即使人们想上天堂，也不会为了去那里而死。但死亡是我们所有人共同的终点，从来没有人能够逃脱它。死亡是生命最好的一个发明，它是生命改变的源动力，它将旧的清除以便给新的让路。你们现在是新的，但是从现在开始不久以后，你们将会逐渐变成旧的然后被送离人生舞台。"在大学毕业典礼上大谈死亡似乎有些不吉利，但这确实是人生的哲学啊！

我和他一样，也是生于1955年，或许是因为这一缘故，我对他这一段关于死亡的话有强烈的共鸣，而二十多年的奋斗与思索使我居然对死也有了那样的想法。我想这是对生命更深的解读，是了解了生命的真谛后对我们每一天的要求。也正因为此，活得才更有目标、更加放松、更加乐观和更有意义。

如果用一句话总结史蒂夫，那就是，他知道什么是生命的真谛，什么是快乐和如何去寻找快乐。

（2011年11月）

怀念张效祥先生

2015年10月22日下午，正值CCF在合肥举办中国计算机大会（CNCC）期间，我接到来自张效祥先生家里的电话，是他的儿子打来的。这个电话号码我接过和拨打过无数次，太熟悉了，也无比亲切。不过这次和以往不同，我看到号码后立刻有一种不祥之感。果不其然，他儿子告诉我，先生当天清晨走了，享年98岁。

张先生近两三年来身体不太好，大多时候在医院住着，我们每隔一段时间就会去看望他。每次见他，他都非常高兴，尽管听力不好了，需要用文字交流，但他思路清晰，情感也非常丰富。我们本想CNCC一结束就去看他，但最后还是没有来得及。他走了，但他的音容笑貌依然历历在目。回顾过去的近二十年，我和他有割不断的渊源，而因为他，我的人生轨迹改变了。

❖ 我心向往——一个科技社团改革的艰辛探索

1996年6月，中科院计算所领导找到我，说CCF需要一名专职副秘书长，希望我能任职。我经过长时间思考后答应了下来，但还需要得到时任CCF理事长张效祥先生的同意。当时计算所常务副所长李树贻教授带我去张先生家里见他。张先生问了我许多问题，感觉比较满意就同意了，嘱咐我在学会好好干。那年他已经78岁，给人的感觉是身体很好，精神矍铄，平易近人，气质非凡，很有气场，仿佛能把你牢牢地罩住。

1998年，我在CCF创建了YOCSEF（青年计算机科技论坛）并担任秘书长职务，先生给予了极大的支持，亲自参加了当年8月22日在友谊宾馆举行的开坛仪式和首次论坛，并发表讲话。YOCSEF满足了中国计算机领域青年人力图发展和成长并改变社会的强烈愿望，有一套开放的民主机制和约束机制，与当时学会的机制有极大的不同，而每次讨论的论坛议题都能引起业界和社会的广泛关注，仅仅一年多，就在社会上有了较高的知名度。但是，YOCSEF不在"体制"内，在CCF当时的组织架构中找不到YOCSEF这样的架构。于是，常务理事会上有人提出了质疑，认为YOCSEF离经叛道，还当面批评我这样做是为了"立山头，拉选票"。我当时感觉很委屈，自己放弃了技术工作，到学会干这种"万金油"式的工作，就已经觉得"很亏"了，如今好不容易创建了一个深受年轻人欢迎的活动，却遭此痛批，心中颇为难过。次日，我接到张先生从家里打来的电话，让我去他家里找他。见到张先生,他让我说说YOCSEF的本质和运作方式。我说,YOCSEF是一个论坛,是一个活动,一个活动需要一个组织机构来组织,就像学术会议需要组织委员会和程序委员会一样,YOCSEF也有一个学术委员会(AC)。由于活动安排得多,持续不断,因此AC不能解散,但需要每年选举新的负责人和更新委员。先生听了以后说,这挺好,要坚持,别人有质疑也正常,我去说服他们。在随后召开的常务理事会上,先生就此事专门向理事们做了说明,打消了他们的疑虑。此后,就再也没有听到人们的这种质疑声了,而后来那些曾经的质疑者也逐渐成了YOCSEF坚定的支持者。

张先生多次参加YOCSEF论坛,每年还和YOCSEF学术委员会委员一起开座谈会,讨论中国IT发展和人才培养,鼓励年轻人要勇往直前。YOCSEF创建十周年之际,先生用钢笔写来一封信,勉励我们要担负起使国家强盛的责任来,要勇于创新:"YOCSEF作为全国计算机专家学者群体,我十分希望它能成为中国计算机学会乃至我国计算机事业的智囊团队。"先生认为,YOCSEF不但要为中国培养优秀的专业人才,同时也要为CCF培养干部,未来的CCF应该由YOCSEF这些人来挑大梁。经过17年的发展,YOCSEF中确实涌现出一大批有建树的学者、企业家和管理者,不少人在CCF理事会中任重要职务,实现了先生的预言和期望。

❖ 我心向往——一个科技社团改革的艰辛探索

2008.4.9发出

祝贺YOCSEF成立十周年　　张效祥

YOCSEF创立十年了。十年来它从北京一地扩展到了分布于国内全国十二个城市设立分论坛。开展了以学术为治、学生发展、国家方针政策和人才培养等内容宽广的几百次学术活动。表示YOCSEF已成为全国广大青年计算机专家学者为国家和计算机事业奉献聪明才智的共同需求，也反映YOCSEF具有先少的学术空间和社会基础，展示了其十年的发展前景。

YOCSEF十年的历史表示，它是一个以未来知识和潜能思维为基础，面向国家、社会和计算机事业的高层学术平台。主要鲜明，言之有物，不存空论务求真。它既不是刻章讲座又不是青年联谊会或俱乐部，这一特色十分重要和可贵。

一个论坛举办一两次或持续一年半载都并不难。YOCSEF能坚持十年从不衰减又是一件容易的事。说明它已形成了一个能保证持续发展的合理机制，现在重要的是不断完善和革新。

YOCSEF作为全国计算机专家学者群体，我十分希望它能成为中国计算机学会及全国计算机事业的新晋团队。

建立创新型国家，培育自主创新能力是我们的国策。国家提倡创新体系以企业为主，以市场为导向，产学研相结合，学会接受社、产、学、研、用等一条龙组织举。黄道中央书记处明确提出在充分发挥当今社会各国家创新体系的支柱组成部分的作用，是赋予学会的一项主要使命。YOCSEF在支持学会完成这一使命中，有望发挥特别突出的作用。

祝YOCSEF成功！

关于其他问题的论述 ❖

张效祥（左）与杜子德（右）在CCF颁奖会上（2007年）

先生是中国计算机事业的创始人之一，一直有爱国、自主、自强的情怀，多次建议国家有关部门在制定国家计算机发展战略时要把自主放在第一位，不能受制于人，要走产业化和市场化的道路，立足于应用。在一次YOCSEF的座谈会上，当说到国产计算机系统时，他认为，尽管我们的计算机事业有很大的发展，但操作系统和芯片还没有握在我们自己的手里，还不可控，安全有隐患，会受制于人，我们必须自强。说到此，他潸然泪下，不能自已，在场的YOCSEF委员无不动容。这也更坚定了我们把自己的事情做好的信心与决心，明白自己肩负的使命：即使全球经济一体化，但国家还存在，国家利益还存在，我们不能不为国家和民族的发展考虑。

2010年，CCF设立"CCF终身成就奖"，张先生为首位获此殊荣的人（另一位获奖人是夏培肃先生）。大家一致认为，他第一个获得此奖是实至名归。我们到他家告诉他这个消息时，他非常高兴。我们请他为颁奖大会写几个字，作为CCF的追求和颁奖会的关键词。先生欣然提笔，写下了"责任·创新·奉献"六个苍劲有力的大字。他解释道："责任，就是要自觉承担起国家的责任，这是自觉的，不是谁强加于你的；创新，就是要发现问题并力图改变，要敢于独立思考；奉献，是要付出，而不是索取，不能过多看重个人的名和利。"这六个字也是他几十年来心路历程的写照，他希望我们这样去努力。

十几年来，我去先生家里不知有多少次了，每次他都给我讲故事，讲哲学，讲人生，有时我也在他家和他们一起吃饭。他对学会的发展感到由衷的高兴，也夸奖我的进步和我对CCF的贡献，这坚定了我做好学会的信念。有一段时间，由于我在CCF的工作不太顺利甚至遭到"批判"，心中有些不快，也有些委屈。他对我说："人的一生不可能没有挫折，要能够经得住考验，心胸要开阔，人有多大心胸就能办多大的事。"我一直牢记先生的这段话，我知道有人曾非常"憎恨"我，甚至排挤我，给我不公正的待遇，但我现在心中确实没有一个"敌人"，不嫉恨任何一个人，每个会员和同事都是很好的朋友，能做到心胸坦荡，这确实和先生多年的教诲分不开。

先生走了，留下了无尽的遗憾。对我而言，缺少了一位能够推心置腹地交谈的长者、老师和挚友，这是多大的缺憾啊！不过，先生依然在我的心中，我感觉他没有走，他将永远给我指出前进的方向，因为他的精神永存。

（2015 年 12 月）

❖ 我心向往——一个科技社团改革的艰辛探索

怀念夏培肃老师

8月27日临近中午时分,我接到中国科学院计算技术研究所所办发来的一则短信,告诉我夏培肃老师于当日上午11时10分辞世。听到这消息,我感到非常震惊和悲痛。

她今年两次生病住院,我都不知道,也没有去医院看望她,而上一次看她是去年7月28日她90岁生日时,那天我去了她在北京大学的朗润园家里。那次是和计算所领导一起去的。我们谈了许多,她很兴奋,很健谈,思维非常敏捷。她很关心CCF的发展,也夸奖学会现在进步很大。她的话给了我很大鼓励。她送了我一本她90岁生日时家庭合照的画册,并和我合拍了一张照片。现在看来这张照片是多么珍贵!去年那时候,她每天在北大校园里散步、看书、收发邮件,还在做研究工作。精神是那样矍铄,身体是那样康健,精力是那样充沛,真是令人佩服。当时我想,夏老师还可以工作多年。

关于其他问题的论述 ❖

杜子德（右）看望夏培肃先生（左）时的合影

我不是夏老师的学生，但和她有许多不解之缘。1982年初，我考取了计算所的硕士研究生，师从张修副研究员。张老师和夏老师同在第一研究室（即系统研究室）工作，办公室相邻。我的导师非常敬重夏老师，他们关系非常好，常常在一起讨论工作。这样，我也有和夏老师接触及向她学习的机会，有时听她的报告，有时向她请教问题。她经常鼓励学生出国深造，开阔眼界，学习先进技术，但要回国报效祖国。对此，我深有体会且很是受益。我工作两年后，计算所送我出国做访问学者，这对我一生的发展都有巨大的影响。能在计算所读书、工作，能和这样的大科学家在一起，真是一种莫大的福分。

夏老师在计算机方面的造诣很深,特别是在系统结构和电路设计方面非常突出。我在攻读硕士学位期间,就知道她正在带领一班人研制数列机(Array Processor)150-AP,以及功能分布计算机GF10和GF20,她亲自画设计图。这些机器在当时是很先进的机器,并且具有很强的实用价值。机器研制成功后发挥了非常重要的作用。她为人和蔼谦虚,但在科学问题和原则问题上却非常坚定。我记得在一次讨论方案的会议上,她坚持自己的观点,但又不盛气凌人,最终说服了别人。她作为中国计算机事业的创建人之一,学问很深,贡献很大,但她从来不计较个人荣誉和得失。她是1991年被选为中国科学院学部委员(院士)的,那年她已经68岁了。她从来没有找人推荐过自己,是其他学部委员在她不知情的情况下推荐她的。这一点让我很感动,但似乎又有点不平:为什么这么晚?不过她不计较这些。

虽然夏老师是一位资深的科学家,但她非常朴素,要求很低。我读研究生学位时,她还没有单独的办公室,和其他九位科研人员共用一个大办公室(大概是202室),用一张普通的"一头沉"办公桌。她每天骑自行车上下班,一直到七十多岁高龄,从来不要求计算所派车接送她,直到后来从安全角度考虑,她才同意计算所派车。去年我到她家看望她时,她家的地板还是过去的水泥地,别说木地板,连地板革都没有。墙壁是四白落地,墙边放着一张办公桌,上面是她写作和发送邮件的计算机。靠阳台那边怕蚊子进来用纱窗挡着,房子也不宽敞……这就是一个大科学家的家？我当时不禁有些感慨。

夏老师是CCF的创建人之一，1962年学会成立时（当时是中国电子学会电子计算机专业委员会），她就是22个委员之一。她主持创建了由CCF主办、由中科院计算所编辑出版的《计算机学报》及英文刊 *Journal of Computer Science and Technology*，并担任主编。2001年4月，她在78岁高龄时，还为CCF YOCSEF做了"量子计算及其逻辑电路"的学术报告。1996年起，她一直担任CCF名誉理事。尽管她在学会没有担任过理事长、副理事长职务，但非常关心学会的发展，和我见了面总要问问学会的情况。几十年来她一直关心CCF，对学会发展做出了巨大贡献。2010年，CCF设立终身成就奖，鉴于夏老师的学术成就和对中国计算机事业的非凡贡献，CCF奖励委员会将首次终身成就奖授予了她与张效祥先生。

过去32年来，我和她一直有接触，能时时感受到她的思想和人格魅力。夏老师离开了我们，但是她科学、严谨、爱国、奋斗的精神将永远激励我们向前。

（2014年10月）

❖ 我心向往——一个科技社团改革的艰辛探索

ACM举行阿兰·图灵诞辰100周年纪念会

阿兰·图灵（Alan Turing）——一个普通人、科学家及预言家——是现代计算之父，他预见了机器思维的威力，开启了持续改变世界的创新之路。他的名字和计算机科学界最杰出贡献奖——图灵奖密切地联系在一起。

图灵奖获得者聚首旧金山（图片来源：ACM）

2012年6月15～16日，33位ACM图灵奖获得者聚首美国旧金山，参加由ACM主办的阿兰·图灵诞辰100周年纪念会，来赞颂他对人类做出的伟大贡献和留下的宝贵遗产，并纵论计算将如何影响下个世纪。约一千名来自世界各地的计算机专业人士参加了为期一天半的纪念会。16日晚，ACM在宫殿酒店（Palace Hotel）举行了一年一度的ACM颁奖大会，共颁发包括图灵奖在内的13个奖项，约400人参加。应ACM首席执行官（CEO）约翰·怀特（John White）博士的邀请，我代表CCF参加了纪念会及颁奖会。

纪念会共安排了8个圆桌论坛（panel），每个论坛一般安排4～5个图灵奖获得者作为嘉宾。圆桌讨论中间穿插有4个特邀报告。下面将介绍8个圆桌论坛的题目和内容。

一、圆桌论坛

作为一个人的图灵（Turing the Man）。有的圆桌嘉宾（panelist）曾和图灵共过事，有的则在图灵去世后于20世纪70年代访问过他的母亲，他们以自己的亲身经历讨论了图灵和他的母亲以及图灵工作的故事，总结了他独特的思维、兴趣和天赋，他杰出的贡献以及在生活上痛苦的一面。

人类和机器智能（Human and Machine Intelligence）。图灵想，人们是否可以造一种计算机，当人和它一起玩游戏时人并不能觉察到它是人还是机器？这被称为"图灵测试"。

他一直在思考，是否可以让机器思考，并大胆地进行了预测。嘉宾们总结了人工智能迄今为止的研究成果以及在计算机科学及计算机系统发展过程中的重要影响。他们认为，人工智能的理论和方法影响了在行为科学及神经系统科学领域人类认知方面的研究。他们还探讨了未来十年将面临的巨大挑战和机遇。

系统结构、设计、工程和验证——研究中的实践及实践中的研究（Systems Architecture, Design, Engineering, and Verification – The Practice in Research and Research in Practice）。不仅在计算机科学领域，而且在系统领域里，科学与工程的相互影响和边界是模糊的，它们能相互滋养。嘉宾们探讨了系统研究和工程实践之间过去、现在和将来的相互关系。对工业界问题进行系统革新何时会产生发明？一个学术研究何时不再是科学而变为工程问题？实践驱动的研究如何影响现实世界以及现实世界如何反映到基础研究？他们还推测了系统研究的未来：什么是由目前云计算系统及大数据中心带来的基础挑战？如何组织大规模分布执行及大量代码构成的软件？如何集成手工设计的软件和体系结构？

图灵计算模型及它如何形成了计算机科学（The Turing Computational Model and How It Shaped Computer Science）。嘉宾们讨论了图灵机构造的简约和美，以及图灵机器模型以逻辑的方式给出了对深奥结果的简单证明，包括对哥德尔不完全性定理的证明；还讨论了量子计算及其与经典图灵机模型的关系。嘉宾们还猜测：对于软件中不可避免的错误，图灵可能会说什么？

计算机体系结构（Computer Architecture）。65年前，

图灵给出了构造通用计算机ACE（自动计算引擎）的构想，随后在英国国家物理实验室建造出计算机，它是当时世界上最快的计算机。体系结构的哪些方面是过去考虑过且现在仍在考虑的？图灵在计算机影响社会方面是怎样想的？他在让凡尼佛·布什（Vannevar Bush）于1945年提出的扩展存储器构想（Memex vision）成为可能的大规模计算方面是如何思考的？量子计算的可能性如何？嘉宾们还讨论了计算机体系结构在学术研究方面的进展和未来。

程序设计语言——过去的成就和未来的挑战（Programming Languages – Past Achievements and Future Challenges）。程序语言的设计与编译时间及其实时实现有很大关系，且取决于所使用的计算模型。在20世纪60、70及80年代，许多程序语言相继问世，人们也探索出许多实施策略和计算模型。此后，仅有若干语言被商业界使用。嘉宾们总结了程序设计语言方面的教训，包括过去已经总结过的和还没有总结的，以及这些教训如何运用在未来的应用、体系架构、用户需求以及经济方面。

算法空间（The Algorithmic Universe）。图灵之后，也是在他的带动下，计算机科学家通过开发了一套非常专业的、独创的和具有洞察力的缜密思考的方法，加深了对计算现象的理解。现在，这种"算法"思维方式可被有效地用在计算之外的重要现象的研究中（如细胞、大脑、市场、宇宙，当然还有数学本身）。算法似乎是一个永恒的主题，专家们在这个论坛中花了不少时间讨论他们所关心的算法问题。

未来网络世界中的信息、数据和安全（Information, Data, Security in a Networked Future）。专家们探讨了数字信息革命中的一些问题，尤其讨论了在安全、认证和保证信息完整性方面的理论和实践问题，现代密码学的根源以及该领域目前的任务。他们也试图洞察在身份识别、发现和确保数字对象完整性方面的长期问题。他们也指出，我们对计算机科学的理解是不断变化的，以及计算机科学的演进影响着我们生活着的数字世界。

二、专题报告

有四位图灵奖得主做了专题报告。

巴特勒·兰普森（Butler Lampson）：《计算机做什么：模拟、连接和辅助做事》（"What Computers Do: Model, Connect, and Engage"）。

阿兰·凯（Alan C. Kay）：《从图灵难解之谜中获得能量》（"Extracting Energy from the Turing Tarpit"）。

戴纳·斯考特（Dana S. Scott）：《λ算子的过去和现在》（"Lambda Calculus Then and Now"）。

埃德蒙·克拉克（Edmund Clarke）：《可计算实数以及为什么今天依然那么重要》（"Computable Real Numbers and Why They Are Still Important Today"）。

纪念会结束后，还播放了关于图灵生平的电影《破译密码》（*Codebreaker*）。

三、几点观感

1）本次大会是图灵诞辰百年纪念,但大会关于图灵本人的故事只在第一个圆桌论坛中讨论了60分钟,其他11个单元都是讨论学术问题。不过,这些学术问题大都和图灵的贡献或思想有关。

2）在7个圆桌论坛和4个图灵奖获得者报告中讨论的学术问题都是经典的学术问题,而不是应用问题,对于当下热门的云计算和物联网很少提及。尽管他们更多关注计算机科学问题,但并不表明他们的研究和兴趣远离现实问题。恰恰相反,所讨论的全部议题都是在计算机科学和技术发展过程中遇到的基础的、长远的但又非常重要的问题。此外,学术界和工业界有分工但又有良好的互动,有一个议题就是"研究中的实践及实践中的研究"。可见,他们所做的每一项研究都有深刻的现实背景,而不是纯科学或纯数学问题。

3）平等和互动。在33位图灵奖获得者中,有不少年事已高,但也坐在听众席中(靠前),没有人特别关照他们。午餐时,这些大师们也是一同用盒饭。大会进行中台上台下互动很热烈。他们采取听众写好问题提交的办法,保证了效率和问题的质量。15日会议结束后,举行了全体人员参加的招待会(reception)。

4）开放。本次大会专门留有一定的名额向全球专业人士开放(包括学生),任何人都可以通过网站注册免费参加,有的还获得了ACM的资助。很遗憾，会场上几乎看不到从中国大陆去的专业人士。错过这样的机会，真是可惜！

本人有幸参加了图灵诞辰一百周年纪念会，很有收获，另一方面，也一定程度上体会到中国的差距到底有多大以及在哪里。

（2012年7月）

为什么要兴建YOCSEF小学

中国计算机学会青年计算机科技论坛（YOCSEF）学术委员会的委员们决定在山西省中阳县贺家岭村兴建一所小学。为什么要在偏僻的山西省吕梁山区兴建YOCSEF小学？这事有一些缘由。

2000年，中国计算机学会新一届理事会聘任北京大学计算机系主任李晓明为普及工委主任，他上任后想做一些事，比如组织教育扶贫之类的活动。在学会，我是分管科普的副秘书长，也想在"饱饭"之余干点好事，他和我一拍即合。我们并不是想千古留名，仅是兴趣所致。对于科普我们不想做花架子，只想来点实的，但从哪儿下手，得琢磨一番。我将想法告诉了中国科协普及部，想听听他们的高见。普及部部长程东红说，山西吕梁是中国科协的定点扶贫地区，每年有科协的干部挂职下乡工作，已有几年历史，如果想做教育扶贫，科协十分了解情况，可以协助。搞清需求是工作的第一步，说干就干，我和中国科协青少年部的两位同仁（其中一位是赵建龙处长，他曾在吕梁中阳县挂职一年半）于2001年4月3日驱车700多公里到了吕梁地区，考察了行署教委后，又到了中阳县。

在县教委主任武中平的陪同下，我们走访了六所学校，从最好的到最差的。走访的结果令人吃惊：离县城仅五公里山路的贺家岭小学，仅由几眼危旧的窑洞组成，即便是阳光明媚的上午，教室里的光线仍然很暗。窑洞年久失修，遇到大风大雨，很有可能坍塌！窑洞前面矗立的一面国旗，不成比例，是老师们用手缝制的，教学用具要靠老师们自己出钱购买。三个复式班，其中一个代理教师初中刚刚毕业，每月工资是100元，而且还常常拿不到钱。这就是现状。

一般的中学又怎样呢？枝柯镇中学有完整的校舍，但是每年用于每个学生购买教具和实验设备的钱是二十多元。调查中还发现，除了教学条件差外，师资力量也很差，中阳县教师进修学校负担着全校所有教师进修的任务，2001年全年的工作经费是一万多元，想让该校承担起所有教师计算机培训的任务，简直是天方夜谭！

问题真多，从哪里下手做普及呢？想来想去，觉得提高教师水平是最重要的。于是2001年8月，中国计算机学会会同北京大学计算机系的师生，在我和李晓明的率领下，一行人开赴吕梁，开始了普及的第一站。他们在那里开设了两期面向教师的计算机培训班，并给县级领导做了一次讲座。

在考察中，最触动我们心灵的是贺家岭小学的一面五星红旗，它是用手缝制的，经多年风吹日晒，这面国旗已快变成灰色。说到学校的未来，年过五十的曹凤清校长含着眼泪说，他就是想在退休之前能将新学校盖起来。他的话快使我下泪，摸了摸口袋，先掏出三百元钱给他，望他能暂时补充教学费用。问到村支书盖学校需要多少钱时，他说六万多元。按说这数目不是太大，可这钱从哪里来呢？

回到北京，我将这情况和YOCSEF的委员们一说，大家也都颇感不平，觉得有一份责任，纷纷表示愿意慷慨解囊，创建一所YOCSEF小学。YOCSEF的委员们以及其他青年专家从自己口袋掏出劳动所得，少则二千，多则三千多，共捐款九万零六百元。这些捐款，除了已经盖了一所学校外，还建立了一个基金，向愿意在贺家岭小学工作的教师和在中阳县山区工作的优秀教师发一点上山津贴。

2002年7月1日，新建的贺家岭小学落成了，它坐落在一个山包上，占地900平方米，建筑面积为330平方米。2002年7月28日，YOCSEF的委员代表、贺家岭全村村民、县领导以及兄弟村委共三百多人举行了隆重的学校落成典礼。实现了村民的愿望，而YOCSEF委员们所承诺的第一件事也画上了圆满的句号。与此同时，在中国科协的支持下，我们举行了两期面向讲师的计算机培训班。2003年1月，中国人民大学信息学院捐助计算机30台，在当地教师进修学校建成一个计算机教室，用于培训当地的教师。

❖ 我心向往——一个科技社团改革的艰辛探索

但这仅仅是开始。

附：1. 重建贺家岭小学记（刻在学校墙上的字）
　　2. 新建学校碑记
　　3. YOCSEF学术委员会委员捐款情况

重建贺家岭小学记

贺家岭为山西吕梁地区中阳县的一个小山村，虽与县城只有十里之遥，但交通不便，教育落后，三名教师和四十多个孩子在三眼危旧的窑洞里上课，教学条件极为艰苦。村干部虽有心重建一所学校，但因财力不济，这一愿望一直没能实现。中国计算机学会年轻的专家们虽远在北京，在获悉这种情况后，对孩子们的境遇给予了深深的同情，并愿意自己解囊，新建一所学校。此想法得到了中阳县委、县政府和教委的大力支持，贺家岭村民也愿意出人出力，早日圆新建学校之梦。在各方的努力下，新建的贺家岭小学于二〇〇二年七月一日落成，四十多名孩子终于能在明亮的教室里上课。为使后代们知道父辈们曾为社会作出了微薄的贡献，遂留此文字，并将姓名和捐款数目刻于此后。

YOCSEF，公元二〇〇二年七月一日谨记，杜子德撰文。

新建学校碑记

　　本村坐落在城南十华里处，历年来，由于交通不便，教育落后，全村师生长期挤在三孔危旧的窑洞里上课，教学条件颇为艰苦。为此，村党支部及村民虽有新建校园振兴教育之宏愿，但因财力不济，至今尚未如愿。去年这一情况被中国计算机学会年轻的专家们获悉后，驱车前来实地调研、切磋，决定慷慨解囊为老区捐款资助新建一所学校，以表身居北京心系老区的赤诚之心。此举得到了中阳县委、县政府、教育局、镇党委、政府的大力支持，在社会各界和兄弟村委的积极相助下，村领导积极配合，组织群众，启发全体村民有钱出钱、有力出力，于今年七月一日新建起一所占地九百平方米、建筑面积三百三十平方米的新世纪标准化学校，千年宿愿终于变成现实。为感谢党恩和志士仁人的关爱，让后代勿忘建校历史，立志奋发学习，特谨立此碑，并把这次捐款单位、个人的金额镌刻于碑阴，以石铭记，永载千秋史册。

　　山西省吕梁地区中阳县宁乡镇贺家岭村，公元二〇〇二年七月一日。

❖ 我心向往——一个科技社团改革的艰辛探索

YOCSEF学术委员会委员捐款情况

姓名	捐款数（元）	姓名	捐款数（元）
陈　佳	3500	薛向阳	3000
陈　榕	3500	阳振坤	3000
金　芝	3500	张　霞	3000
李　方	3500	周傲英	3000
李明树	3500	朱　永	3000
孙茂松	3500	吴朝晖	2800
徐志伟	3500	徐　波	2500
杜子德	3300	杨建刚	2500
程　旭	3000	陈左宁	2000
侯梅竹	3000	蒋　颖	2000
侯紫峰	3000	李　波	2000
孟小峰	3000	李晓明	2000
史元春	3000	孙育宁	2000
谭铁牛	3000	王　沁	2000
唐卫清	3000	于　戈	2000
王贵驷	3000	余向东	2000

（2003年4月）

关于其他问题的论述 ❖

吕梁教育扶贫17年

CCF吕梁教育扶贫项目于2001年开始，至今已经有17年了。CCF当年做这件事的初衷非常简单，就是想在"饱饭"之余做一点于社会有益的事。CCF不是一个公益组织，也不是一个慈善组织，而是一个专业组织，会员都是从事计算机专业的人士，我们既不能提供很多的现金，也不能提供很多的设备和物资，而只能定向和小范围做一些符合我们特点的公益项目。

毛泽东曾经说过："一个人做好事并不难，难的是一辈子做好事。"一个项目坚持了17年，而且还在继续，着实不容易。是什么和谁让我们在做一件似乎和我们并不相干却坚持了这么多年的事呢？那就是CCF的价值追求和它的会员的价值追求。

CCF的大部分会员都有较好的经济条件，不为饭碗而发愁，受过良好的教育且从事有挑战性的专业工作，有社会责任感，这就决定了他们有意愿、有条件和能力从事于社会有益的活动。给吕梁地区更多的钱固然可以办更多的事，但目前根本的问题不是给钱的问题，而是如何改变人的问题。CCF会员的长项在于知识与智慧，我们坚定地认为，精神层面的东西比物质更加宝贵和有用，改变人比给钱更有价值和更有效果，于是把吕梁项目定位在教育。教育扶贫的"贫"不是经济的贫，而是教育的贫、眼界的贫、思想的贫。

当地对现代社会的渴望和对新知识的迫切需求激励着CCF把教育扶贫项目坚持了17年。吕梁地处山区，经济落后，（原来）交通不便，信息闭塞，影响了教育的发展。优秀的学生毕业后不愿意到农村当教师，使得师资水平总体较低，老师们视野较窄。7年以前，CCF开启了"吕梁山区优秀教师进北京"活动，每年全额资助20名在山区学校工作优秀的老师会员们到北京观摩学习一周，让他们感受北京优秀灿烂的文化，和专家座谈，和中小学老师研讨，到学校观摩。几年下来，这些老师们更有自信、更加开朗、更热爱本职工作，你会从老师们的眼神中感觉到他们的变化。CCF的会员们也去吕梁山区捐款扶助贫困学生、上科普课、调研、座谈，把情谊和爱送到老师们和孩子们那里。

会员的社会责任心、发自内心对老区的爱以及爱的不断传递让CCF把教育扶贫项目坚持了17年。没有会员就没有CCF。CCF的会员们是一群非常可爱的专业人士，他们都把帮助别人、把爱传递给别人、承担社会责任作为己任，有的已经去过多次了，有的没有时间亲去前线，也通过捐款、捐物、捐书表达了爱心。YOCSEF太原分论坛的成员们，在主席强彦的带领下，花费约3万人民币为岚县社科乡中学小学建立了一个图书室。CCF常务理事臧根林为了使留守儿童见到分别很久的妈妈爸爸，每年捐款让一些留守儿童和父母团聚。他多次专程从广州飞到太原，再乘车去吕梁，他的行为感动了许多人。会员胡事民的儿子胡泽涵，10年前就来学会把自己的书送给到CCF观摩的吕梁的孩子们。今年，他用自己的钱买了一千多双袜子、五百支牙膏、五百支牙刷、一堆书包，让他的母亲郑杨倩带到吕梁，送到孩子们的手里。我在2001年就带着10岁的女儿去了吕梁贺家岭小学，她也带着一摞书。爱，就是这样传递着……2017年，前去吕梁开展教育扶贫活动的人员达22人，不能去的也伸出了援助之手，共捐赠10万余元。

心灵上不断接受洗涤和净化让CCF把教育扶贫项目坚持了17年。会员们每去吕梁都感到很震撼，受到深刻的教育，这通过他们的对外宣讲和撰文可以看出。CCF在郑州的一个会员叫王嫣，已经去吕梁两次，她多次在郑州当地介绍去吕梁扶贫的项目，谈自己的体会。不少会员已经去了多次，但还想去。他们认为，与在那里工作的老师相比，我们现在的工作条件好了不知多少，去吕梁扶贫，与其说是我们帮助他们，倒不如说是他们帮助了我们。就我本人而言，去那里不下20次，从未觉得厌烦，反而是越来越觉得非常必要。

对国情的了解和对国家的责任让CCF把教育扶贫项目坚持了17年。吕梁山区的教育情况和一些孩子的家庭情况是城里人无论如何也想不到的。通过实地考察，我们掌握了第一手资料，了解了国情，对自己也是很好的激励。

这个社会总是有善良好施的人们，他们通过帮助别人实现自己生命的充盈和更大的价值，而通过这些一点一滴，使社会有更多的正能量。我们，CCF的会员们，就是正能量的制造者，也是福音的传播者。

我们不会停下。

（2017年9月）

关键词索引

3M　V，XIX，4，69，76，102
ACM　X，7，24，50，76，84，106，114，119，125，131，152，158，178，188，198，216，232，236，338
IEEE　X，7，24，46，50，81，84，106，113，125，131，152，158，178，188，198，216，232，236，320
NGO　V，XVII，2，27，47，112，155，161，175，314
YOCSEF　VII，IX，XXIV，3，9，59，65，70，128，134，199，213，238，243，246，259，267，272，277，282，288，321，324，328，337，345，352
阿兰·图灵　177，338
编程　17，129，300
变革　III，IX，XXIII，3，14，21，27，107，133，231，240，276，277，283
参选　33，83，89，95
差额选举　X，XX，35，61，89，91，95，109，186
常务理事会　XXV，6，17，29，57，67，83，89，96，100，104，135，147，187，210，223，225，230，235，278，282，328
诚信　60，117，215，274
创建人　336
创新的本质　288
创造　VII，XX，XXV，5，10，68，69，155，165，177，218，238，243，257，265，267，273，278，290，296，323
创造机会　VIII，10，257，265，268，273
多元化　80，86，198
发声　14，125，132，283，320
非营利机构　VI，11，53，116，150，155，204
非营利组织　46，48，112，165，223
分部　65，73，197
分支机构　X，11，31，57，66，71，79，88，91，106，122，129，135，158，173，205，213，214，228，230，235

工程 16，24，50，79，114，125，141，158，162，231，291，296，302，311，320，340

共同体 V，XI，15，22，28，50，63，72，79，92，96，123，132，135，162，205，215，227，263，321

挂靠 XI，XV，XXV，2，8，25，43，54，76，92，102，114，123，147，150，157，164，172，231，313，321

规则 XXI，3，9，23，30，52，70，84，91，96，101，105，117，128，136，147，160，184，216，227，244，248，263，269，275，279，283，315，321

国际合作 15，42，131

互联网思维 66，71

会费 33，49，65，75，86，151，156，162，199，216，232

会议 XX，XXIV，13，22，29，52，66，82，97，103，104，114，125，128，134，140，145，148，151，166，184，191，197，209，215，227，231，235，246，260，267，272，278，321，329，336，343

会员代表大会 VII，XX，30，57，79，82，88，97，101，173，184，219

会员治理 V，XIX，4，11，69，76，87，91，95，102，108，113，204

机器智能 339

激情 VIII，XXI，72，77，88，91，126，128，183，193，238，244，246，259，268

计算机科学 29，59，134，304，338

计算技术 III，19，294，318，334

计算思维 300

技术 III，IV，X，XXIII，2，8，23，28，47，71，97，113，118，134，152，162，177，191，198，216，231，243，247，262，268，273，284，289，296，303，312，318，328，334，343

监事长 33，82，89，95

奖励 VII，XI，12，28，54，65，114，134，149，151，156，162，174，176，210，223，337

教育扶贫 60，275，345，351

竞选 XI，33，53，79，91，96，192，200，252，263，279

开会 VII，13，96，100，143，148，166，184，190

科技社团改革　IV，XVI
科学传播　205，303
科学普及　IV，19，25，54，247，
　　303
科学素养　25，305
理事会　VII，X，XX，XXIV，4，
　　7，26，28，52，63，70，
　　75，82，87，91，95，99，
　　104，121，133，147，159，
　　172，184，205，216，225，
　　230，235，263，277，282，
　　295，328，345
理事长　III，IV，X，XXI，XXIII，
　　3，9，21，26，30，52，
　　70，75，82，89，91，95，
　　100，107，124，127，148，
　　173，181，185，217，239，
　　243，247，260，267，273，
　　285，324，328，337
领导力　5，18，92，97，161，207
论坛　V，XXIV，3，9，47，67，
　　70，134，191，202，238，
　　244，246，259，267，272，
　　277，282，288，328，339，
　　345，352
吕梁教育扶贫　60，351
秘书长　III，IV，IX，XV，XXIII，
　　1，2，7，21，26，30，
　　47，63，75，83，90，92，
　　99，124，133，147，152，
　　173，220，238，247，
　　280，282，328，345
民主制度　98
民主治理　91，115
批判性思维　4，141，293
平台　5，9，24，59，63，69，79，
　　128，136，153，198，214，
　　227，233，238，243，266，
　　270，275，284，295，322
启智会　129，140
乔布斯　XX，293，323
人力资源　161
人文　315
人员管理　143
商业　11，22，50，64，117，143，
　　150，156，200，205，233，
　　236，341
社会责任　VIII，9，29，50，64，
　　128，151，174，206，
　　239，254，270，273，
　　278，283，351
社交　64，79，144，166
社团财务　158
社团管理　77，150，158，165
社团规范　26
社团经营　44，49
社团运营　157
社团治理架构　X，133

审稿 14，25，105，205，223，320

生命 VIII，3，68，78，85，109，118，128，144，177，232，238，250，265，279，289，315，317，324，354

使命 23，27，49，63，112，135，237，239，258，277，283，331

世界一流 112

属性 11，29，53，64，70，76，87，91，95，113，118，124，128，150，155，162，203，204，214，282

思辨 24，144，238，284

思维方式 71，291，302，341

思想共同体 263

算法 17，301，318，341

条例 XIX，31，58，96，101，110，147，217，226，230，241，263

图灵奖 25，177，338

危机 VII，133，149，242，265，276，280，324

协会 III，IV，XVI，16，24，28，47，81，114，123，150，156，164，172，320

新冠肺炎疫情 318

学会改革 IX，XIII，5，76

学会经营 101

学会认同 64，80

学会治理 4，66，83，88，92，95，131，172

学术报告会 244，248，262，267，274

学术共同体 XI，15，22，28，50，63，79，96，123，132，135，205，215，227，321

学术机构 16，129，313

学术社团 III，V，IX，4，44，47，69，76，118，131，174，204，322

演讲技巧 192

议题 38，110，129，140，185，328，343

影响力 IX，XXIV，4，12，24，29，51，68，77，85，105，112，119，125，131，133，148，151，157，162，170，174，177，201，205，213，217，227，231，239，250，265，278，283，323

运营 III，1，2，7，21，41，52，77，100，114，130，143，147，157，161，172，205，213，228，231

执行机构 VI，XX，7，23，30，51，99，104，121，127，160，205

职业道德 114，119

志愿者 V，XI，53，70，78，114，124，157，162，204
制度 V，IX，XX，2，9，21，31，52，64，71，77，82，88，94，96，98，107，113，121，134，141，146，153，158，173，190，222，239，244，246，260，275，277，283，291，311
治理架构 X，XXV，4，9，21，24，27，51，79，101，111，113，128，133，163，175，187，218，283
治理结构 VII，XV，27，57，84，220
专题论坛 191，244，248，256，267，274，280，288
专委发展 104，214，225，235

专委发展基金 104
专委经营 223
专业化 11，130，161，198，310
专业人士 3，9，33，49，63，78，113，125，128，152，157，162，183，190，204，216，225，244，249，302，310，321，339，352
专业委员会 X，XXV，11，29，55，66，73，85，89，92，106，122，135，151，198，208，213，214，225，230，235，337
自由论坛 247，260
自由探索 142，298
组织架构 130，220，328

部分人名索引

程东红	345
杜辛楠	XXVII，26，303，305，308
侯紫峰	252，279，350
胡事民	280，353
冀复生	250，269
江卫星	259，260，261，262
江学国	247
金怡濂	250，269
李国杰	III，IV，XXI，XXIII，XXIV，XXVI，4，5，15，21，242，250，269，273，275，278，280，324
李明树	260，262，280，350
李树贻	XXIII，243，247，260，267，328
李晓明	345，346，350
刘积仁	250，269
刘路沙	256
柳传志	250，269
陆汝钤	250，269
梅宏	III，IX，XXIII，XXVI，5，15，127，260，298
乔健	261，262
沈爱民	III，XIII，XXVI
孙茂松	260，350
谭铁牛	245，260，350
唐泽圣	243，247，260，262，267
汪成为	243，247，250，260，267，269，275，278
王文京	250，269
王选	31，46，58，59，178，250，267，269，294
夏培肃	XXXI，250，269，332，334，335
谢湘	256
徐非	247
徐志伟	260，350
杨芙清	243，247，260，267
杨天行	247
杨元庆	250，261，267，269
尹宝林	300
张晓东	140，142，176
张效祥	XXXI，239，243，247，250，257，260，262，265，267，269，275，278，327，328，331，337
张修	335
张尧学	260
赵沁平	250，269
周巢尘	269